所在章节：第2章

案例名称：时尚厨房

所在章节：第3章

案例名称：简欧客厅

案例名称：现代豪华套房　　所在章节：第6章

案例名称：欧式平层别墅客厅　　所在章节：第7章

案例名称：欧式别墅会客厅　　所在章节：第9章

案例名称：KTV豪华包厢　　所在章节：第10章

案例名称：酒店大堂　　所在章节：第11章

案例名称：酒店宴会厅　　所在章节：第12章

VRay

点智文化 编著

超写实室内效果图渲染技术全解

电子工业出版社

Publishing House of Electronics Industry

北京·BEIJING

内 容 简 介

本书是一本讲解如何使用 VRay 渲染出具有超写实效果的图书，书中既有对 VRay 软件技术较为全面的讲解，更有大量丰富的案例，用于展示如何使用 VRay 来渲染逼真的效果图。

通过学习本书，各位读者将能够掌握面对不同渲染任务时，如何设置合理的材质，如何进行布光，如何调整渲染参数，如何进行后期优化，从而轻松得到逼真的效果图。

本书光盘包含书中案例模型、贴图文件、所有案例的视频教学文件，以及丰富的贴图素材及精品模型库，使读者学习更加轻松。

本书特别适合希望快速在室内效果图渲染方面提高技能的人员阅读，也可以作为各大中专院校或社会类培训班相关课程的学习用书。

图书在版编目（CIP）数据

VRay 超写实室内效果图渲染技术全解 / 点智文化编著. —北京：电子工业出版社，2011.1
（渲染天下）
ISBN 978-7-121-11629-2

Ⅰ. ①V… Ⅱ. ①点… Ⅲ. ①室内设计：计算机辅助设计—图形软件，VRay Ⅳ. ①TU238-39

中国版本图书馆 CIP 数据核字(2010)第 161099 号

责任编辑：付　睿
印　　刷：中国电影出版社印刷厂
装　　订：中国电影出版社印刷厂
出版发行：电子工业出版社
　　　　　北京市海淀区万寿路 173 信箱　　邮编 100036
开　　本：850×1168　　1/16　　　印张：20.75　　　字数：531 千字　　彩插：4
印　　次：2011 年 1 月第 1 次印刷
印　　数：4000 册
定　　价：79.00 元（含 DVD 光盘一张）

凡所购买电子工业出版社图书有缺损问题，请向购买书店调换。若书店售缺，请与本社发行部联系，联系及邮购电话：(010) 88254888。

质量投诉请发邮件至 zlts@phei.com.cn，盗版侵权举报请发邮件至 dbqq@phei.com.cn。

服务热线：(010) 88258888。

前　言

本书是一本全面讲解VRay渲染技术的书籍，案例丰富、视频齐全、素材完备、讲解细致，相信通过学习本书必然能帮助各位读者在VRay渲染技术方面，快速从新手成长为高手。

本书共包括13章内容，11个完整场景案例，各章主要内容介绍如下。

第1章，对V-Ray Adv 1.5.0.SP4渲染器的基础参数进行讲解，全面而深入地诠释了VRay的材质、灯光、阴影控制参数，是各位读者学习VRay、提高效果图制作水平的理论学习基础。

第2章至第13章为全书案例教学部分，书中既有室内家居空间的表现案例，也有室内工装的表现案例，最后一章还特别讲解了浏览动画的渲染制作步骤，类型不可谓不丰富。

与市场上同类图书相比，本书具有以下特点。

- 内容全面，不仅对VRay软件技术进行了全面讲解，还列举了丰富的实例供各位读者学习。
- 案例丰富，本书涉及到了室内设计行业的大部分方面，既有不同风格的家居空间表现，又有各种类型的工装空间表现，最后一章还专门讲解了浏览动画的制作方法。

- 视频教学，本书配套光盘中还提供了所有案例的教学视频，相信能够帮助各位读者快速掌握本书内容。
- 资源丰富，本书光盘中附赠大量笔者经常使用的材质、模型库，相信能够省去部分资源的搜集整理时间，能够提高效果图的制作效率。

- 理论讲解与美图欣赏并重，本书每一章都在第一节讲解了相关空间类型的理论，并在最后一节展示了若干同类精品效果图，供各位读者欣赏、借鉴。
- 单体模型，为了便于各位读者使用本书所有案例场景中的单体模型，笔者特意将各个场景中的重要模型全部分离了出来，并存放于该场景的文件夹中。

本书写作时使用的软件版本是3ds Max 2010中文版，操作系统环境为Windows XP SP2，VRay版本为V-Ray Adv 1.50.SP4，因此希望各位读者在学习时使用与笔者相同的软件环境，以降低出现问题的可能性。

如果希望就本书问题与笔者交流，请发邮件至lbuser@126.com，如果希望获得笔者更多图书作品的相关信息，请访问www.dzwh.com.cn，也可以登录byzlps.blog.sohu.com进行咨询。

本书是集体劳动的结晶，参与本书编著的人员有：雷波、雷剑、吴腾飞、左福、范玉婵、刘志伟、李美、邓冰峰、刘小松、黄正、孙美娜、江海艳、刘星龙、张来勤、卢金凤等。

本书所有素材与文件仅供学习使用，严禁用于其他商业领域！

笔者

2010-08-01

目　录

第1章　VRay简介

第2章 简单却迷人的质感空间 ——时尚厨房表现

教学视频：光盘\教学视频\第2章 时尚厨房.swf

第3章 简洁而不失奢华的高雅空间——简欧客厅空间表现

教学视频：光盘\教学视频\第3章 简欧客厅.swf

第4章 清逸典雅的休息空间——中式卧室空间表现

教学视频：光盘\教学视频\第4章 中式卧室.swf

第5章 纯朴的乡村风情——田园风格客餐厅空间表现

教学视频：光盘\教学视频\第5章 田园风格客餐厅.swf

第6章 清爽通透的舒适空间——现代豪华套房空间

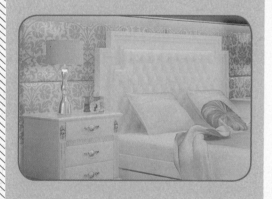

教学视频：光盘\教学视频\第6章 现代豪华套房.swf

第7章 华丽高雅的古典风格——欧式平层别墅客厅

教学视频：光盘\教学视频\第7章 欧式平层别墅客厅.swf

第8章 简洁而不失大气——挑高别墅大堂

第9章 庄重大气的完美结合—— 欧式别墅会客厅

第10章 舒适豪放的密闭空间 ——KTV豪华包厢

教学视频：光盘\教学视频\第10章 KTV豪华包厢.swf

第11章 几何体的合理堆砌——酒店大堂空间表现

教学视频：光盘\教学视频\第11章 酒店大堂.swf

第12章 奢华浪漫——酒店宴会厅空间表现

教学视频：光盘\教学视频\第12章 酒店宴会厅.swf

第13章 流动的美学——室内漫游动画

第 **1** 章

VRay 简介

认识效果图行业
REN SHI XIAO GUO TU HANG YE

1.1.1 效果图的发展

随着近些年中国建筑设计市场的迅猛发展，建筑三维也如雨后春笋般发展起来，而且随着从业人员越来越多，此项工作也成为广大爱好者所向往的工作。

我们首先来回顾一下国内的效果图行业的发展情况。

1. 初始阶段

大概从20世纪90年代中期，国内先后出现了几家从事效果图制作的公司。这些公司的创始人都是在大学时期学习建筑设计且本身喜欢电脑三维，从而合作成立小公司的。因为那时的电脑软硬件水平的限制，制作一张图需要好几天时间，所以制作水平发展得没想象中好，但是，因为这些人都是学建筑设计出身，本身在学校学过用水彩或水粉画建筑效果图，所以这个时期的效果图制作者比较喜欢有画风的作品，而且比较讲究构图及画面元素的处理。

2. 发展阶段

从20世纪90年代末开始，软硬件得到了发展，效果图行业随之也得到了很大的发展，从业人员开始追求写实风格。本时期效果图行业的从业者基本上还是以学建筑设计及相关行业的居多，很多本科毕业生开始从事这项工作，这也是该行业大发展的一个原因。

这时几个大的效果图公司开始迅猛发展，进而发展成行业的领军者。效果图越来越追求真实感，也有各种风格的作品出现。杂志、网站也起到了效果图发展的促进作用。同时，从业者开始进行建筑动画的研究，进而做了几个对行业发展有影响的片子。效果图从业人员及效果图公司本时期都取得了很大进步，效果图公司也渐渐多了起来。

3. 调整阶段

进入21世纪以来，随着从业人员数量越来越多，效果图行业也持续发展着。由于门槛降低，很多学历较低的人员进入了这个行业，批量化生产的概念也进入了人们的思想，同时，建筑三维也进入了一个百家争鸣的时代，效果图公司开始思考转型。很多公司开始大力发展建筑动画，以及比较专业的虚拟现实。

建筑动画的从业人员也越来越多，使得动画成为从业人员更关注的话题。这时期效果图的发展继续追求真实感，很多公司也强调风格化，即具备本公司的一些风格特点。而软件的发展，渲染器的进步，使得追求真实感变得越来越容易。

这时期国外的设计公司开始找国内的公司进行效果图制作，也促进了我国效果图行业的发展。如图1.1（a）、图1.1（b）所示为近几年一些电脑效果图高手的超强效果图设计。

图1.1（a）

图1.1（b）

1.1.2　效果图的前景

　　谈到效果图行业的前景，这不得不与我们国家建筑装饰市场的发展联系在一起。我国是全球最大的建筑市场，也就成为最大的建筑设计市场，所以效果图行业的发展也是最迅猛的。有建筑装饰设计的存在，就离不开效果图的表现，所以效果图行业的前景还是很不错的。

　　但是，由于现在效果图从业人员的素质降低，以及效果图行业大发展造成客户的眼界提高，所以现在制作一幅成功的效果图作品，还是比较难的。特别是现在修改设计的程度越来越大，时间越来越紧，客户越来越挑剔，使得效果图制作这个行业越来越难。

　　门槛的降低使得从业人员变多，更多的效果图公司出现，竞争越来越激烈，同时客户希望能够与有想法的从业人员合作，所以，追求个人特点、公司特点成为这个行业的发展趋势。

1.1.3　如何进入效果图行业

　　有很多爱好者为了进入效果图行业，采用了进培训班学习的途径。虽然这样做可以使爱好者有一个系统的学习过程，可以尽快地了解软件的使用方法，但是师傅领进门，修行靠个人，要想进入这个行业，往往还得在效果图公司实习一段时间，才能真正地掌握这一项技能。所以，自学也是一件非常重要的事情。

　　因为这个行业本身，软件的使用是最基本的要求，掌握了软件后，才是如何真正了解建筑知识，如何准确地理解设计师的图纸、设计师的意图。当然后者才是进入这个行业最难的地方。

　　要真正进入这个领域，需要我们多练、多思考。在做的过程中，认真掌握建筑及装饰设计的一些基本构造，真正理解效果图工作。

1.1.4 如何成为效果图制作高手

成为效果图制作高手，是每个进入这个行业的人都希望做到的事情；怎样成为一个高手，也是每个从业人员都需要思考的问题。虽然，这些需要个人素质、美术功底、审美能力，因为只有具备了这些，你才能成为一个真正有想法、真正可以与设计师沟通的从业人员，但是怎样具备这样的能力呢？

这就需要一些途径。比较简单的方法是多练、多模仿，模仿那些精品图，去思考好图的制作想法，认真掌握怎样制作出一幅好图。模仿是一条捷径，就是很多成熟的从业人员，也会不时去模仿。另外，多与设计师交流、与高手交流，也是一个提高自身素质的途径。

总之，必须多练、多交流，以提高自身素质为目的，熟练掌握软件的使用方法，这样才能成为效果图制作高手。

1.1.5 了解效果图相关软件

1. AutoCAD

AutoCAD是一款建筑制图软件，是一款绘制矢量图形的平面软件。它在建筑中主要是用来制作工程图纸的，将设计师脑海中的图像编制到电脑中，形成点、线、面的组合。虽然它是二维的线条图，但是它也最如实地表达出了建筑师的思想，图1.2所示为其启动界面。

图1.2

在建筑三维中，早期也有用AutoCAD来创建建筑三维模型的，但随着3ds Max的出现，技术得到了发展，可以实现以前三维软件中无法做到的精确建模。慢慢地有些人就从AutoCAD建模转到了3ds Max建模，因为AutoCAD的三维制作还是有很多问题的。

在效果图行业，AutoCAD是一款必备的辅助软件。我们利用3ds Max可调用AutoCAD文件的功能，将AutoCAD中制作的图纸转到3ds Max中，从而能够准确地搭建模型。

2. Photoshop

Photoshop是Adobe公司开发的一款著名的图像处理软件，在业内享有很高的声誉。在建筑三维中，在很多地方可以用到Photoshop。用的最多的地方就是效果图的后期处理，我们可以把3ds Max中渲染出来的静态通道图片，导入Photoshop中添加环境，把建筑融入到环境中，以完成一幅完整的作品。此外，我们还可以在Photoshop中修改3ds Max的材质贴图，也可以在Photoshop中手绘贴图。图1.3所示为其启动界面。

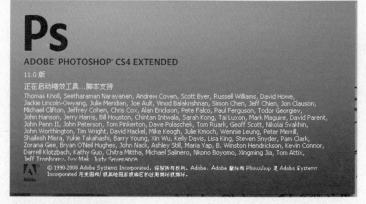

图1.3

VRay超写实室内效果图渲染技术全解

3. 3ds Max

3ds Max是我们效果图表现工作的核心软件，我们的所有工作都是围绕它来进行的。3ds Max是一款功能强大的三维图像及动画制作软件，建筑三维其实只运用了3ds Max的一些基本而实用的功能，远谈不上对3ds Max用到了极致。但是，就是将这些最基本、最常用的功能用熟了，你就可以成功进入建筑三维的工作领域了。如图1.4所示为其启动界面。

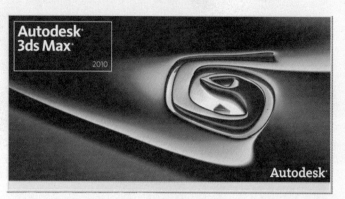

图1.4

4. VRay

在渲染方面当前最流行的软件就是VRay，此软件以其独特优秀的渲染表现功能在当前渲染表现领域占据了首屈一指的地位。如图1.5所示为其正确安装后的版本界面。

总之，要学好建筑三维，我们首先要学好三维制作软件，最重要的就是要学习3ds Max，此外其他的一些相关软件也必须精通，这样才能顺利地走进这个工作领域。但是，仅仅学会使用软件是远远不够的。我们

图1.5

还得从自身素质出发，提升自己对建筑美感的感知，这样才能更快地成为建筑三维领域的高手。

Work 1.2 室内效果图制作流程
VRay ART SHI NEI XIAO GUO TU ZHI ZUO LIU CHENG
3ds Max 2010+VRay

经过长时间的发展，效果图行业已经发展到一个非常成熟的阶段，无论是室内效果图还是室外效果图，都有了一个模式化的操作流程，这也是能够细分出专业的建模师、渲染师、灯光师和后期制作师等岗位的原因之一。对于每一位效果图制作人员而言，正确的流程能够保证效果图的制作效率与质量。本节讲解室内效果图的制作流程。

在详细讲解效果图制作流程之前，我们通过如图1.6所示的4幅图展现了一个使用VRay渲染器制作室内效果图的完整过程。

模型阶段

布光测试阶段

材质及灯光调整阶段

最后渲染及后期处理阶段

图1.6

1. 方案平面图阶段

在创建三维效果图前，效果图制作人员应该有设计方案平面图。方案平面图可能是设计师设计的CAD平面图，也可能是客户拿来的平面图纸，或是自己绘制的CAD平面图。有了平面图后，首先要熟悉这个方案的空间尺寸，并快速地在脑海中呈现出来；然后理解空间的布局，空间的风格情调，进一步构想在软件中应该如何运用灯光、材质、造型和色彩等去表现这个设计方案。

2. 准备素材

在我们理解整个场景的布局和风格后，在制作效果图前，先收集场景中所需要的素材模型、贴图和光域网文件，以备作图的过程中使用。在作图的过程中，建模是最基础的工作，如果场景中的部分模型可以使用素材模型库中的模型，就不要再去创建，这样可以提高工作效率。例如，沙发、简单通用的桌子、浴室中的浴缸等常规模型，实际上无须在每次制作效果图时重新制作，只需要调用现有的模型即可。

目前市场上有销售成套的模型库，收集并整理出自己常用的模型库，对于每一位效果图制作人员而言都很有用。

3. 创建模型前的尺寸设置

虽然效果图制作人员是在3ds Max这个虚拟空间中创建模型的，但也应该与在现实生活中建造房屋一样，有精确的尺寸。要为创建的模型赋予精确的尺寸，应该为场景设置统一的单位。通常我们将场景和系统的单位设置为"毫米"，使场景中所创建模型的尺寸都以毫米为单位来表示，例如1m在场景中将表示为1000mm。

4. 创建模型

设置完场景尺寸后，便可以在场景中开始创建模型了，在3ds Max中创建模型，一定要注意创建规范。

不同的人有不同的建模方法，其中对于某些简单的小空间可以使用若干个长方体按尺寸与比例堆放在一起，从而形成基本空间；对于复杂一些的空间可以将CAD平面图导入3ds Max中，在其基础上进行基本空间的创建。本书就不再详细讲解模型的创建部分，大家可以通过其他的书籍或途径找到适合自己的建模方法。

5. 架设摄影机

3ds Max中摄影机的作用是用来模拟人的视角观察场景的，这同使用照相机取景的原理是一样的。

一幅好的效果图作品，其视角选择是非常重要的，在3ds Max中，摄影机的使用可以更灵活，它不但可以不受限制地选择取景角度，而且还能通过手动剪切功能，穿过遮挡物进行取景。

如果需要从不同的角度对效果图进行渲染，可以在软件中创建几个摄影机。

6. 初步布置灯光

灯光是照亮场景的关键，再好的模型和材质，只有通过合适的光照，才能够表现出来。前期的灯光布置的作用只限于照亮场景，以及使场景中的物体有最基本的体量关系。具体的灯光布置要在材质制作完毕之后进行。

7. 赋予材质

材质是体现模型质感和效果的关键，在真实世界中，因为物体表面的纹理、透明度、颜色和反光性能等不同，才能在人们眼中呈现出丰富多彩的世界。因此，光有模型是不够的，只有为模型赋予了材质，模型才能变得更加逼真，最终的渲染效果看上去才逼真可信。不仅对于效果图行业需要制作、赋予材质，对于其他涉及三维技术的行业也需要，如图1.7所示为未赋材质及赋予材质渲染后的效果。

图1.7

8. 最终布置灯光

场景赋予材质后再进行灯光布置，这样才能真实地反映不同材质对灯光进行吸收和反弹后整个场景的真实灯光效果。

通过设置不同效果的灯光，可以为场景制造不同的气氛。如图1.8所示的两张图片，其场景模型完全相同，但由于灯光设置不同，得到了一张表现日景而一张表现夜景的完全不同的场景效果。

图1.8

即使同样在白天，通过运用不同的灯光颜色与光照强度，也可以模拟出正午与日落时的两种不同的效果，灯光运用得是否到位与最终得到的效果图的质量有很大的关系，一幅好的效果图可以不漂亮，但灯光一定要自然、逼真，这样才可以"骗"过欣赏者的眼睛。

9. 渲染

目前，包括3ds Max自身的扫描线渲染器及mental ray在内，市面上提供了很多用于渲染的软件，例如，Lightscape、VRay和巴西渲染器等。不同的渲染器渲染得到的效果也不一样，如图1.9所示为使用3ds Max自身的扫描线渲染器渲染的场景效果，如图1.10所示为使用VRay渲染器渲染的场景效果。

图1.9   图1.10

可以看出，使用3ds Max自身的扫描线渲染器得到的场景的光照效果有些生硬，而使用VRay渲染器渲染的场景光照效果就生动了许多。如果要对渲染速度与渲染质量折中考虑，VRay渲染器无疑是最好的选择。

10. 后期处理

后期处理的工作是对场景效果进行优化与丰富，弥补渲染的不足之处，主要是调整效果图的颜色、光感及配景。以前使用Lightscape渲染器渲染时，为了提高渲染速度，节约渲染时间，通常一些配饰都是在后期处理时添加进效果图的。

添加过多配饰或者配景的明暗、角度调整不好，就会使整体画面显得不真实。而使用VRay渲染器可以直接在场景中添加各种配饰模型，渲染速度也不会受到很大影响，渲染出的图片既丰富又真实，后期处理就变得更加简单，只需要对整体效果进行调整即可。

Work 1.3 VRay渲染器简介
VRay ART · VRAY XUAN RAN QI JIAN JIE · 3ds Max 2010+VRay

1.3.1 初步认识强大的VRay渲染器

VRay渲染器是一款真正的光线追踪和全局光线渲染器，由于使用简单、操作方便、在国内效果图渲染领域，已经完全取代了Lightscape等渲染软件。

VRay最大的技术特点是其优秀的全局照明（Global Illumination），利用此功能能够在图中得到逼真而又柔和的阴影与光影漫反射效果。

VRay的另一个引人注目的功能是Irradiance Map（发光贴图），此功能可以将全局照明的计算数据以贴图的形式保存并用来渲染效果，通过智能分析、缓冲和插补，Irradiance Map（发光贴图）可以既快又好地达到完美的渲染结果。

近年来VRay渲染器被广泛地应用于建筑效果图、电影和游戏等方面，如图1.11所示的精美效果均为渲染大师们使用VRay渲染器渲染的。

图1.11

　　VRay渲染器不仅仅是一款支持全局照明的渲染器，其内部还集成了众多高级渲染功能，例如，焦散、景深、运动模糊、烘焙贴图、置换贴图和HDRI高级照明等附加功能。如图1.12所示为使用VRay渲染器渲染得到的效果。

图1.12

1.3.2 VRay渲染器的优势

对于制作商业效果图的设计师来说，速度和质量是他们的第一生命。在实际工作中，并不会有商业机构无时间限制地让设计师做一幅图，因为商业效果图和欣赏图不同，欣赏图可以无任何时间、精力限制，只追求最终的欣赏效果即可，但是商业效果图是用于产生商业价值的，所以必须在所规定的时间内完成，否则就无法体现其价值。

而出图速度快正是VRay渲染器的一大特点，作为使用核心Quasi-Monte Carlo（准蒙特卡罗）算法的渲染器，其渲染速度本身比采用Radiosity（光能传递）算法的Lightscape渲染器要快得多。

VRay渲染器是直接作为3ds Max的一个插件被开发的，所以和3ds Max中的模型、材质和灯光等都可以非常好地兼容，即可以直接在3ds Max软件中建立模型，然后设置VRay渲染器渲染，非常方便。

其核心的Global Illumination（全局照明）技术可以智能化地识别模型与模型之间的面相交，并且只计算可见面的受光影响。

VRay渲染器作为3ds Max的插件，不仅可以兼容所有3ds Max材质，而且还特别加入了VRay专用的材质、灯光和阴影。使用这些材质、灯光和阴影，再用VRay渲染器渲染时，不仅可以获得更好的效果，还可以使渲染速度相应地得到提高。

Work 1.4 设置VRay渲染器
VRay ART SHE ZHI VRAY XUAN RAN QI
3ds Max 2010+VRay

本书案例全部采用功能比较完善的V-Ray Adv 1.50.SP4版本和3ds Max 2010正式中文版，因为3ds Max在渲染时使用的是自身默认的渲染器，所以要手动设置VRay渲染器为当前渲染器，具体操作步骤如下。

01 首先确定已经正确安装了VRay渲染器，打开3ds Max 2010，在主工具栏上单击 🖼 （渲染设置）按钮，打开渲染设置对话框，此时公用面板的"指定渲染器"卷展栏中提示的默认渲染器为"默认扫描线渲染器"，如图1.13所示。

02 单击"产品级"文本框后面的 … （选择渲染器…）按钮，打开"选择渲染器"对话框，在这个对话框中可以看到已经安装好的V-Ray Adv 1.50.SP4渲染器，如图1.14所示。

图1.13

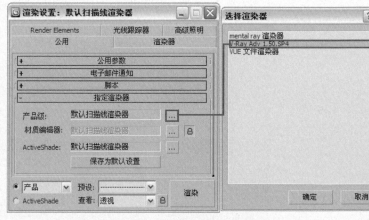

图1.14

03 选择V-Ray Adv 1.50.SP4渲染器，然后单击"确定"按钮。此时可以看到"产品级"文本框中的渲染器名称变成了V-Ray Adv 1.50.SP4。对话框上方的标题栏也加入了V-Ray Adv 1.50.SP4渲染器的名称。这说明3ds Max目前的工作渲染器为V-Ray Adv 1.50.SP4渲染器，如图1.15所示。

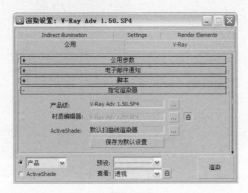

图1.15

Work 1.5　VRay渲染器参数简介
VRay ART　VRAY XUAN RAN QI CAN SHU JIAN JIE

　　虽然，VRay在使用方面要优于其他渲染软件，在功能方面也较其他大多数渲染软件更强大，但在功能强大而丰富的背后是复杂而繁多的参数，因此要掌握此渲染器，首先要了解各个重要参数的功能，V-Ray Adv 1.50.SP4的渲染器控制面板如图1.16所示，下面将在各小节中讲解各重要参数的意义。

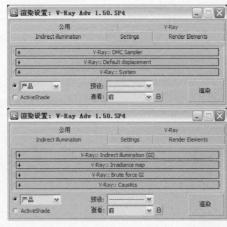

图1.16

　　VRay发布版本的频率并不高，要得到当前使用软件版本号，可以观察图1.17所示的卷展栏。

图1.17

1.5.1 V-Ray::Global switches（全局开关）卷展栏

V-Ray::Global switches（全局开关）
卷展栏如图1.18所示，其中主要参数作用
如下。

1. Geometry（几何体）组

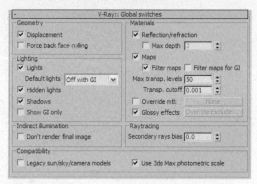

❖ Displacement（置换）：决定是
否使用VRay自己的置换贴图。注
意这个复选框不会影响3ds Max自
身的置换贴图。

图1.18

Note 提示 1 通常在测试渲染或场景中未使用VRay的置换贴图时，此参数不必开启。

---

2. Lighting（照明）组

灯光设置组，各项参数主要控制着全局灯光和阴影的开启或关闭。

❖ Lights（灯光）：场景灯光开关，勾选该复选框时表示渲染时计算场景中所有的灯光设置；取消
勾选后，场景中只受默认灯光和天光的影响。

❖ Default lights（默认灯光）：默认灯光开关，此下拉列表框决定VRay渲染器是否使用3ds Max的
默认灯光。

❖ Hidden lights（隐藏灯光）：是否使用隐藏灯光。勾选该复选框的时候系统会渲染场景中的所有
灯光，无论该灯光是否被隐藏。

❖ Shadows（阴影）：决定是否渲染灯光产生的阴影。

❖ Show GI only（只显示全局光）：决定是否只显示全局光。勾选该复选框的时候直接光照将不包
含在最终渲染的图像中。

3. Materials（材质）组

材质设置组，主要对场景中的材质进行基本控制。

❖ Reflection/refraction（反射/折射）：VRay材质的反射和折射设置开关。取消勾选该复选框，场
景中的VRay材质将不会产生光线的反射和折射，如图1.19所示。

图1.19

Note 提示 1 这个反射/折射开关只对VRay材质起作用，对3ds Max的默认材质不起作用。

❖ Max depth（最大深度）：通常情况下，材质的最大深度在材质面板中设置，当勾选此复选框后，最大深度将由此参数控制。

❖ Maps（贴图）：是否使用纹理贴图。未勾选该复选框表示不渲染纹理贴图，未勾选该复选框时的效果如图1.20所示。

图1.20

❖ Filter maps（贴图过滤）：是否使用纹理贴图过滤。勾选该复选框之后材质将显得更加平滑。

❖ Max transp. levels（最大透明级别）：控制透明物体被光线追踪的最大深度。

❖ Transp. cutoff（透明中止）：控制对透明物体的追踪何时中止。

> **Note 提示 1** ▶ 当Max transp. levels和Transp. cutoff两个参数保持默认时，具有透明材质属性的物体将正确显示其透明效果。

❖ Override mtl（材质替代）：勾选这个复选框的时候，允许用户通过后面的按钮指定材质来替代场景中所有物体的材质进行渲染。在实际工作中，常使用此参数将场景中的材质用一种白色材质替代，以观察灯光对场景的影响。

❖ Glossy effects（模糊效果）：此复选框在被勾选的情况下，将采用场景中材质的模糊折射或反射；在未勾选的情况下，渲染时忽略Hilight glossiness，Refl. glossiness等数值，得到平滑、没有模糊的镜面折射/反射效果。

4. Indirect illumination（间接照明）组

❖ Don't render final image（不渲染最终的图像）：勾选该复选框的时候，VRay只计算相应的全局光照贴图（光子贴图、灯光贴图和发光贴图）。这对于渲染动画很有用。

5. Raytracing（光线追踪）组

❖ Secondary rays bias（二次光线偏移）：设置光线在发生二次反弹的时候的偏移距离。

> **Note 提示 1** ▶ 当V-Ray::Indirect illumination（GI）卷展栏中的GI caustics（焦散控制命令）组中的开关关闭时，此参数对场景没有影响。

1.5.2 V-Ray::Image sampler(Antialiasing)（图像采样）卷展栏

V-Ray::Image sampler(Antialiasing)（图像采样）卷展栏如图1.21所示，其中主要参数作用如下。

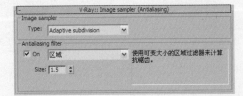

图1.21

1. Image sampler（图像采样)组

Type（采样器类型）：

❖ Fixed（固定比率图像采样器）：这是VRay中最简单的采样器，对于每一个像素它使用一个固定数量的样本。选择此选项后，将出现与其相关的V-Ray::Fixed image sampler卷展栏，如图1.22所示，通过控制其中的参数可以控制成品品质。

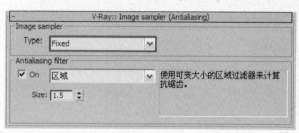

图1.22

Note **1**
提 示

通常进行测试渲染时使用此选项。

❖ Adaptive DMC（自适应准蒙特卡罗图像采样器）：这个采样器根据每个像素和它相邻像素的亮度差异产生不同数量的样本。选择此选项后，将出现与其相关的V-Ray::Adaptive DMC image sampler卷展栏，如图1.23所示，通过控制其中的参数可以控制成品品质。

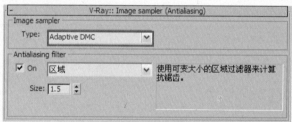
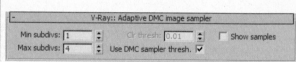

图1.23

❖ Adaptive subdivision（自适应细分采样器）：在没有VRay模糊特效（直接GI、景深和运动模糊等）的场景中，它是最好的首选采样器。选择此选项后，将出现与其相关的V-Ray::Adaptive subdivision image sampler卷展栏，如图1.24所示，通过控制其中的参数可以控制成品品质。

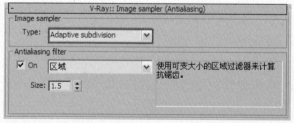

图1.24

2. Antialiasing filter（过滤方式设置）组

❖ On（开启）：抗锯齿开关。在其右侧的下拉列表框中可以选择抗锯齿过滤器。

下面介绍一些常用的抗锯齿过滤器。

❖ 区域：区域过滤器，这是一种通过模糊边缘来达到抗锯齿效果的方法，使用区域的大小设置来设置边缘的模糊程度。区域值越大，模糊程度越剧烈。测试渲染时最常用的过滤器，默认参数效果如图1.25所示。

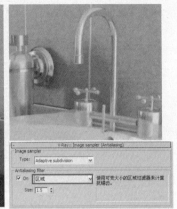

图1.25

❖ Mitchell-Netravali（米歇尔平滑过滤器）：可得到较平滑的边缘（很常用的过滤器），默认参数下的抗锯齿效果如图1.26所示。

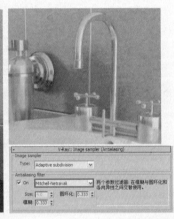

图1.26

❖ Catmull-Rom（锐化）：可得到非常锐利的边缘（常被用于最终渲染），默认参数下的抗锯齿效果如图1.27所示。

图1.27

是否开启抗锯齿参数，对于渲染时间的影响非常大，笔者通常习惯在灯光、材质调整完后，先在未开启抗锯齿的情况下渲染一张大图，等所有细节都确认没有问题的情况下，再使用较高的抗锯齿参数渲染最终大图。

Note
提　示
1 ▶ 除了在最终得到高品质图像时要开启抗锯齿功能，如果需要观察反射模糊效果，同样需要开启，这样才能观察到正确的反射模糊效果。

1.5.3 V-Ray::Indirect illumination(GI)（间接照明）卷展栏

V-Ray::Indirect illumination(GI)（间接照明）卷展栏如图1.28所示，其中主要参数作用如下。

图1.28

❖ On（开启）：决定是否计算场景中的间接光照明。

1. GI caustics（焦散控制命令）组

❖ Reflective（GI反射焦散）：默认为关闭状态。
❖ Refractive（GI折射焦散）：默认为开启状态。

2. Post-processing（后期处理命令）组

❖ Saturation（饱和度）：这个参数控制着全局间接照明下的色彩饱和程度。
❖ Contrast（对比度）：这个参数控制着全局间接照明下的明暗对比度。
❖ Contrast base（对比度基数）：这个参数和Contrast（对比度）参数配合使用。两个参数之间的差值越大，场景中的亮部和暗部对比度越大。

3. Primary bounces（初级漫射反弹选项）组

❖ Multiplier（倍增值）：这个参数决定为最终渲染图像贡献多少初级漫射反弹。
❖ GI engine（全局照明引擎）：选择首次光线反弹计算使用的全局照明引擎，包括Irradiance map（发光贴图）、Global photon map（光子贴图）、Brute force（强力引擎）和Light cache（光照缓存）。

4. Secondary bounces（次级漫射反弹选项）组

❖ Multiplier（倍增值）：确定在场景照明计算中次级漫射反弹的效果。
❖ GI engine（全局照明引擎）：选择二次光线反弹计算使用的全局照明引擎。

1.5.4 V-Ray::Irradiance map（发光贴图）卷展栏

V-Ray::Irradiance map（发光贴图）卷展栏如图1.29所示，其中主要参数作用如下。

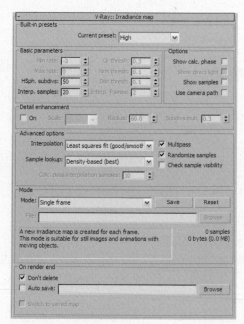

图1.29

1. Built-in presets（内建预设）组

Current preset（当前预设模式），系统提供了 8 种系统预设的模式供你选择，如图1.30所示，如无特殊情况，这几种模式应该可以满足一般需要。

图1.30

❖ Very low（非常低）：该预设模式仅仅对预览目的有用，只表现场景中的普通照明。

❖ Low（低）：一种低品质的用于预览的预设模式。

❖ Medium（中等）：一种中等品质的预设模式，如果场景中不需要太多的细节，大多数情况下可以产生好的效果。

❖ Medium-animation（中等品质动画）：一种中等品质的预设动画模式，目标就是减少动画中的闪烁。

❖ High（高）：一种高品质的预设模式，可以应用在最多的情形下，即使是具有大量细节的动画。

❖ High-animation（高品质动画）：主要用于解决 High 预设模式下渲染动画闪烁的问题。

❖ Very High（非常高）：一种极高品质的预设模式，一般用于有大量极小的细节或极复杂的场景。

❖ Custom（自定义）：选择这种模式你可以根据自己的需要设置不同的参数，这也是默认的选项。

2. Basic parameters（基本参数）组

❖ Min rate（最小比率）：这个参数确定 GI 首次传递的分辨率。

❖ Max rate（最大比率）：这个参数确定 GI 传递的最终分辨率。

❖ Clr thresh（颜色极限值）：Color threshold 的简写，这个参数确定发光贴图算法对间接照明变化的敏感程度。

❖ Nrm thresh（法线极限值）：Normal threshold 的简写，这个参数确定发光贴图算法对表面法线变化的敏感程度。

❖ Dist thresh（距离极限值）：Distance threshold 的简写，这个参数确定发光贴图算法对两个表面距离变化的敏感程度。

❖ HSph. subdivs（半球细分）：Hemispheric subdivs 的简写，这个参数决定单独的 GI 样本的品质。较小的取值可以获得较快的速度，但是也可能会产生黑斑，较高的取值可以得到平滑的图像。

❖ Interp. samples（插值样本）：Interpolation samples的简写，定义被用于插值计算的 GI 样本的数量。较大的值会趋向于模糊 GI 的细节，虽然最终效果很光滑，较小的取值会产生更光滑的细节，但是也可能会产生黑斑。

3. Options（选项）组

❖ Show calc. phase（显示计算相位）：勾选该复选框的时候，VRay在计算发光贴图的时候将显示发光贴图的传递。同时会减慢一点渲染计算，特别是在渲染大的图像的时候。

❖ Show direct light（显示直接照明）：只在 Show calc. phase 复选框被勾选的时候才能被激活。它将促使VRay在计算发光贴图的时候，显示初级漫射反弹除了间接照明外的直接照明。

❖ Show samples（显示样本）：勾选该复选框的时候，VRay将在VFB窗口以小原点的形态直观地显示发光贴图中使用的样本情况。

4. Advanced options（高级选项）组

高级选项组主要对发光贴图的样本进行高级控制。

❖ Interpolation（插补类型）：系统提供了 4 种类型供选择，如图1.31所示。

❖ Sample lookup（样本查找）：这个下拉列表框在渲染过程中使用，它决定发光贴图中被用于插补基础的合适点的选择方法。系统提供了4种方法供选择，如图1.32所示。

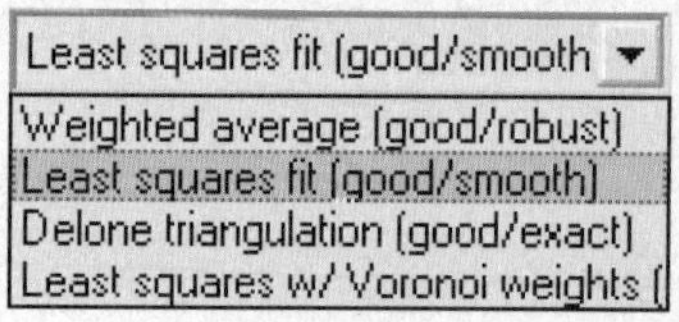

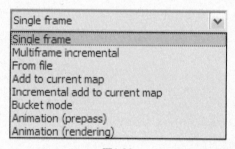

图1.31 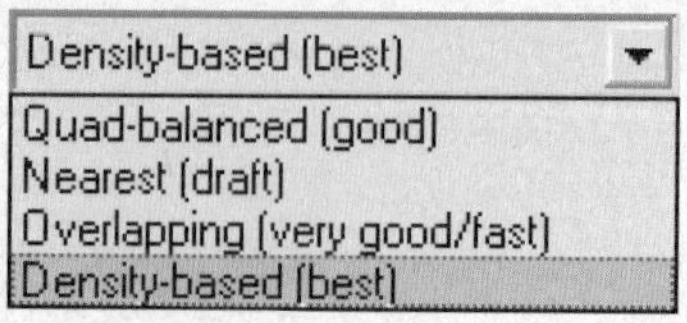　　　　　　　　　　　图1.32

❖ Calc. pass interpolation samples（计算传递插补样本）：在发光贴图计算过程中使用，它描述的是已经被采样算法计算的样本数量。较好的取值范围是 10～25。

❖ Multipass（多过程）：该复选框处于勾选状态下，发光贴图GI计算的次数将由Min rate和Max rate的间隔值决定。取消勾选后，GI预处理计算将合并成一次完成。

❖ Randomize samples（随机样本）：在发光贴图计算过程中使用，勾选该复选框的时候，图像样本将随机放置；未勾选的时候，将在屏幕上产生排列成网格的样本。默认为勾选状态，推荐使用。

❖ Check sample visibility（检查样本的可见性）：在渲染过程中使用。它将促使VRay仅仅使用发光贴图中的样本，样本在插补点直接可见。可以有效地防止灯光穿透两面接受完全不同照明的薄壁物体时产生的漏光现象。当然，由于VRay要追踪附加的光线来确定样本的可见性，所以它会减慢渲染速度。

5. Mode（模式）组

模式组共提供了8种渲染模式，如图1.33所示。

图1.33

选择哪一种模式需要根据具体场景的渲染任务来确定，不可能一个固定的模式适合所有的场景。

❖ Single frame（单帧模式）：默认的模式，在这种模式下对于整个图像计算一个单一的发光贴图，每一帧都计算新的发光贴图。在分布式渲染的时候，每一个渲染服务器都各自计算它们自己的针对整体图像的发光贴图。

❖ Multiframe incremental（多重帧增加模式）：这个模式在渲染仅摄影机移动的帧序列的时候很有用。VRay将会为第一个渲染帧计算一个新的全图像的发光贴图，而对于剩下的渲染帧，VRay设法重新使用或精炼已经计算了的存在的发光贴图。

❖ From file（来自文件）：使用这种模式，在渲染序列的开始帧时，VRay简单地导入一个提供的发光贴图，并在动画的所有帧中都使用这个发光贴图。整个渲染过程中不会计算新的发光贴图。

❖ Add to current map（增加到当前贴图模式）：在这种模式下，VRay将计算全新的发光贴图，并把它增加到内存中已经存在的贴图中。

❖ Incremental add to current map（在已有的发光贴图文件中增补发光信息模式）：在这种模式下，VRay将使用内存中已存在的贴图，仅仅在某些没有足够细节的地方对其进行渲染。

❖ Bucket mode（块模式）：在这种模式下，一个分散的发光贴图被运用在每一个渲染区域（渲染块）。这在使用分布式渲染的情况下尤其有用，因为它允许发光贴图在几台电脑之间进行计算。

6. On render end（渲染后）组

❖ Don't delete（不删除）：此复选框默认勾选，意味着发光贴图将保存在内存中直到下一次渲染前，如果未勾选该复选框，VRay会在渲染任务完成后删除内存中的发光贴图。

❖ Auto save（自动保存）：如果这个复选框被勾选，在渲染结束后，VRay将发光贴图文件自动保存到指定的目录中。

❖ Switch to saved map（切换到保存的贴图）：这个复选框只有在Auto save复选框被勾选的时候才能被激活，处于勾选状态的时候，VRay渲染器也会自动设置发光贴图为From file模式。

1.5.5　V-Ray::Light cache（灯光缓存）卷展栏

V-Ray::Light cache（灯光缓存）卷展栏如图
1.34所示，其中主要参数作用如下。

图1.34

Note **1** ▶ 这个卷展栏只有在用户选择Light cache（灯光缓存）渲染引擎作为初级或次级漫射反弹引擎的时候
提示 才能被激活。

1. Calculation parameters（计算参数）组

此设置组控制着灯光缓存的基本计算参数。

❖ Subdivs（细分）：这个数值将决定有多少条摄影机可见的视线路径被追踪到。此数值越大，图像效果越平滑，但也会增加渲染时间。

❖ Sample size（样本尺寸）：决定灯光贴图中样本的间隔。值越小，样本之间相互距离越近，灯光贴图将保护灯光的细节部分，不过会导致产生噪波，并且占用较多的内存；值越大，效果越平滑，但可能导致场景的光效失真。

❖ Scale（比例）：主要用于确定样本尺寸和过滤器尺寸。提供了Screen（屏幕）和World（世界）两种类型。

❖ Number of passes（灯光缓存计算的次数）：如果你的CPU不是双核或没有超线程技术，建议把这个值设为1，可以得到最好的结果。

❖ Store direct light（存储直接光照明信息）：这个复选框被勾选后，灯光贴图中也将储存和插补直接光照明的信息。

❖ Show calc. phase（显示计算状态）：勾选这个复选框可以显示被追踪的路径。它对灯光缓存的计算结果没有影响，只是可以给用户一个比较直观的视觉反馈。

2. Reconstruction parameters（重建参数）组

❖ Pre-filter（预过滤器）：勾选该复选框的时候，在渲染前灯光贴图中的样本会被提前过滤。其数值越大，效果越平滑，噪波越少。

❖ Filter（过滤器）：这个下拉列表框用于确定灯光贴图在渲染过程中使用的过滤器类型。

❖ Use light cache for glossy rays（为模糊光线使用灯光缓存）：如果勾选该复选框，灯光贴图将会把光泽效果一同进行计算，在具有大量光泽效果的场景中，有助于加快渲染速度。

1.5.6 V-Ray::Environment（环境）卷展栏

V-Ray::Environment（环境）卷展栏如图1.35所示，其中主要参数作用如下。

图1.35

1. GI Environment (skylight) override[GI 环境（天空光）替代]组

GI Environment (skylight) override[GI 环境（天空光）替代]组，允许你在计算间接照明的时候替代3ds Max 的环境设置，这种改变 GI 环境的效果类似于天空光。

❖ On（开启）：只有在这个复选框被勾选后，其下的参数才会被激活。

❖ Color（颜色）：允许你指定背景颜色（即天空光的颜色）。如图1.36所示分别为将颜色设置为蓝色和黄色时的效果。

图1.36

❖ Multiplier（倍增值）：上面指定的颜色的亮度倍增值。

❖ Map（贴图）：允许你指定背景贴图。添加贴图后，系统会忽略颜色的设置，优先选择贴图的设置。

2. Reflection/refraction environment override（反射/折射环境替代）组

Reflection/refraction environment override（反射/折射环境替代）组，在计算反射/折射的时候替代3ds Max 自身的环境设置。

❖ On（开启）：只有在这个复选框被勾选后，其下的参数才会被激活，如图1.37所示。

图1.37

❖ Color（颜色）：指定反射/折射颜色。物体的背光部分和折射部分会反映出设置的颜色。

❖ Multiplier（倍增值）：上面指定的颜色的亮度倍增值。改变受影响部分的整体亮度和受影响的程度，如图1.38所示。

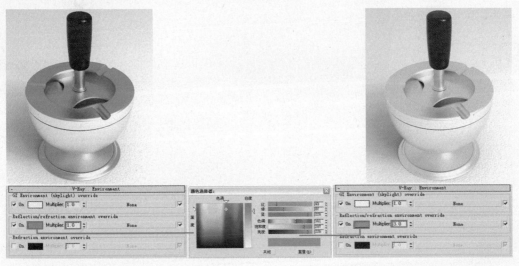

图1.38

❖ Map（贴图）：指定反射/折射贴图。

3. Refraction environment override（折射环境替代）组

Refraction environment override（折射环境替代）组，在计算折射的时候替代已经设置的参数对折射效果的影响，只受此组参数的控制。

❖ On（开启）：只有在这个复选框被勾选后，其下的参数才会被激活。

❖ Color（颜色）：指定折射部分的颜色。物体的背光部分和反射部分不受该颜色的影响。

❖ Multiplier（倍增值）：上面指定的颜色的亮度倍增值。改变折射部分的亮度，如图1.39所示。

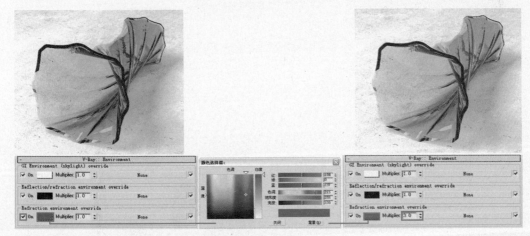

图1.39

❖ Map（贴图）：指定折射贴图。

1.5.7 V-Ray::Color mapping（色彩贴图）卷展栏

V-Ray::Color mapping（色彩贴图）卷展栏如图1.40所示，其中主要参数的作用如下。

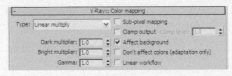

图1.40

1. 认识曝光方式

Type下拉列表框中包含了7种曝光方式，这里着重介绍其中的两种。

❖ Linear multiply（线性倍增曝光方式）：这种曝光方式的特点是能让画面的白色更明亮，所以该模式容易出现局部曝光过度现象，效果如图1.41所示。

❖ Exponential（指数曝光方式）：在相同的设置参数下，使用这种曝光方式不会出现局部曝光过度现象，但是会使画面色彩的饱和度降低，效果如图1.42所示。

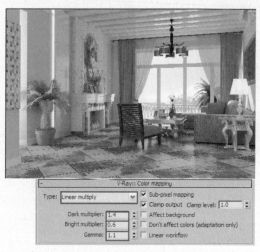
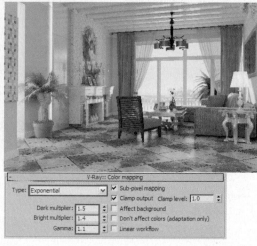

图1.41 　　　　　　　　　　　　　　图1.42

Note 提示 1 在实际的室内效果图制作过程中，这两种曝光方式比较常用。

2. 认识倍增参数

❖ Dark multiplier（暗部倍增）：用来对暗部进行亮度倍增。

❖ Bright multiplier（亮部倍增）：用来对亮部进行亮度倍增。

3. 其他选项作用

❖ Affect background（影响背景）：当未勾选该复选框时，色彩贴图将不会影响到背景的颜色。

❖ Clamp output（固定输出）：该复选框默认为开启状态，表示在V-Ray::Color mapping卷展栏中设置完成后，画面的颜色将固定下来。

1.5.8 V-Ray::DMC Sampler（准蒙特卡罗采样器）卷展栏

V-Ray::DMC Sampler（准蒙特卡罗采样器）卷展栏如图1.43所示，其中主要参数作用如下。

图1.43

❖ Adaptive amount（自适应数量）：控制计算模糊特效采样数量的范围，值越小，渲染品质越高，渲染时间越长。值为1时，表示全应用；值为0时，表示不应用。

❖ Min samples（最小样本数）：决定采样的最小数量，一般设置为默认就可以了。

❖ Noise threshold（噪波极限值）：在评估一种模糊效果是否足够好的时候，控制VRay的判断能力，此数值对于控制场景中的噪点非常有效（但并非噪点的唯一控制参数）。

Note 提示 1 此数值越小，图像质量越好，但渲染时间也就越长。

❖ Global subdivs multiplier（全局细分倍增）：可以通过设置这个数值来很快地增加或减小整体定额采样细分设置。这个设置将影响全局。

❖ Time independent（时间约束设置）：这个设置开关针对渲染序列帧有效。

Work 1.6 认识VRay灯光
VRay ART　REN SHI VRAY DENG GUANG
3ds Max 2010+VRay

单击创建面板的"灯光"按钮，在打开面板的下拉列表框中选择VRay选项，就会出现VRay灯光类型列表，如图1.44所示。这里我们主要介绍VRayLight（VRay灯光）的参数，如图1.45所示。

图1.44

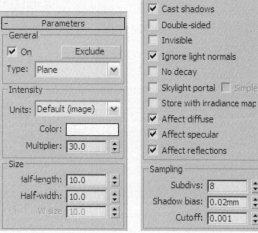
图1.45

下面将主要讲解VRayLight的各项参数的作用。

1.6.1 General（常规）组

❖ On（开启）：开启或关闭VRayLight。只有该复选框被勾选时，灯光设置才对场景起作用。如图1.46所示分别为在主光的参数设置中勾选和未勾选该复选框时的效果。

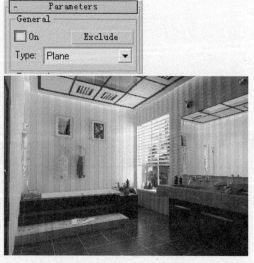
图1.46

❖ Exclude（排除）：可以设置场景中的任何物体是否受某个灯光的照明和阴影的影响。

❖ Type（类型）：VRayLight类型。其中有3种光源类型：Plane（平面）、Dome（圆顶形）和Sphere（球形）。其中比较常用的为Plane和Sphere两种类型。

1.6.2 Intensity（强度）组

❖ Color（颜色）：定义VRayLight光线的颜色，效果如图1.47所示。

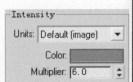

图1.47

❖ Multiplier（倍增值）：VRayLight倍增器，数值越大发光效果就越强烈。

1.6.3 Size（尺寸）组

设置VRayLight的尺寸。当灯光类型为Plane时，可以设置平面光源的长度和宽度；当灯光类型为Sphere时，可以设置球形光源的半径。如图1.48所示为对主光的长度和宽度进行设置后产生的效果。

图1.48

Note 提示 **1** ▶ 从渲染效果中发现缩小VRayLight01灯光的尺寸后场景变暗。

1.6.4 Options（选项）组

❖ Double-sided（双面）：当VRayLight使用面光源时，勾选此复选框可以产生双面发光效果，否则只有VRay导向箭头指向的面才会发光。

❖ Invisible（不可见）：光源隐藏，勾选此复选框时可以在保留光照的情况下将光源隐藏，否则会显示光源模型。如图1.49所示分别为在场景顶部的灯光参数设置中未勾选和勾选此复选框所产生的效果。

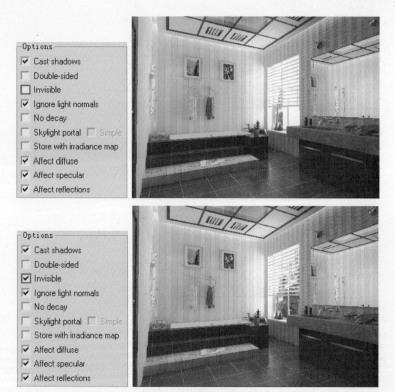

图1.49

Note 提示 1 ▶ 从上图中可以发现未勾选 Invisible 复选框，光源可见；从下图中可以发现勾选 Invisible 复选框后，光源不可见。

❖ Ignore light normals（忽略光源法线）：可以控制VRay对光源法线的调节，系统为使渲染结果平滑，通常默认勾选此复选框。

❖ No decay（无衰减）：一般情况下灯光亮度会按照与光源距离平方的倒数方式进行衰减，勾选此复选框后，灯光的强度不会随距离而衰减。

❖ Skylight portal（天光入口）：勾选该复选框后灯光的颜色和倍增值会被忽略，而是以环境光的颜色和亮度为准。

❖ Store with irradiance map（储存发光贴图）：勾选此复选框将当前灯光信息储存至最终光子贴图中。

1.6.5 Sampling（采样）组

❖ Subdivs（细分）：VRayLight的采样数值，数值越大画面质量越高，渲染速度越慢。

❖ Shadow bias（阴影偏移）：这个数值框控制物体的阴影渲染偏移程度。偏移值越低，阴影的范围越大，越模糊；偏移值越高，阴影范围越小，相对越清晰。

Work 1.7 认识VRay阴影
VRay ART REN SHI VRAY YIN YING　3ds Max 2010+VRay

　　VRayShadows（VRay阴影）阴影类型常被用于配合3ds Max自带的灯光在VRay渲染器中的渲染，由于3ds Max的光线跟踪阴影并不能用VRay渲染器渲染出来，为了达到更好的渲染效果和使渲染时间更短，当使用3ds Max自带的灯光类型时，最好设置阴影类型为VRayShadows类型。

设置阴影类型为VRayShadows，不但可以完成VRay阴影效果的创建，还能让VRay的置换物体和透明物体投射出正确的阴影效果。

不论是标准灯光还是光度学灯光，当在选择了VRayShadows阴影类型后，都会出现VRayShadows params（VRay阴影参数）卷展栏，如图1.50所示。

下面通过一个小的场景来讲解这些参数的作用。

图1.50

Note 提示 1 ▶ 场景中的目标平行光被当做主光源，其阴影类型已经设置为VRayShadows。

❖ Transparent shadows（透明阴影）：当未勾选该复选框时，场景的灯光、物体受 **阴影参数** 卷展栏的控制，如图1.51所示；当勾选此复选框后，场景的灯光、物体不受 **阴影参数** 卷展栏的控制，如图1.52所示。

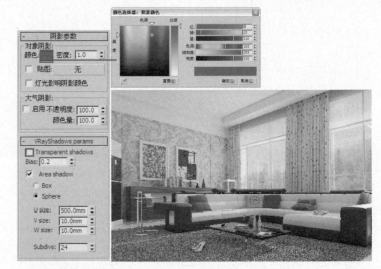

图1.51

图1.52

Note 提示 1 ▶ 从图中可以观察到当Transparent shadows复选框未勾选时，场景的背光部分显示为蓝色；当Transparent shadows复选框勾选时，场景的背光部分显示为灰色。

❖ Bias（阴影偏移）：阴影偏移设置，默认为0.2，可以调整数值来控制阴影的偏移大小。

❖ Area shadow（区域阴影）：开启或关闭区域阴影。当勾选此复选框时，可以通过选择Box（立方体）或Sphere（球形）这两种方式并调整U size，V size，W size的数值来控制阴影的效果。

❖ Box（立方体）：立方体光源。

❖ Sphere（球体）：球体光源。

❖ U size（U方向尺寸）：光源斜方向尺寸（如果选择球形光源，此数值为球形半径）。

❖ V size（V方向尺寸）：光源斜方向尺寸（如果选择球形光源，此数值无效）。

❖ W size（W方向尺寸）：光源斜方向尺寸（如果选择球形光源，此数值无效）。

❖ Subdivs（细分）：与其他属性的细分值类似，这个值控制VRay将消耗多少样本来计算区域阴影。值越大，噪点越低，需要的渲染时间越长。

当细分值为1时，效果如图1.53所示，可以看到阴影位置的噪点很多。

图1.53

当细分值为16时，效果如图1.54所示，可以看到阴影位置的噪点明显减少，但渲染时间相对增加了。

图1.54

Work 1.8　初步认识VRay材质
VRay ART　CHU BU REN SHI VRAY CAI ZHI
3ds Max 2010+VRay

在VRay渲染器中使用VRay专用材质可以获得较好的物理上的正确照明、较快的渲染速度及更方便的反射／折射参数调节，具有质量上乘、上手容易的特点，在如图1.55所示的效果图中充分展现了VRay强大的材质功能，如图1.56所示为场景中经典材质的细节表现。

图1.55

图1.56

VRay专用材质还可以针对接收和传递光能的强度进行控制，防止色溢现象发生。在VRay材质中可以运用不同的纹理贴图，控制反射或折射，增加凹凸和置换贴图，强制直接GI计算，为材质选择不同的BRDF类型等。

下面将介绍3种常用的VRay材质，分别为VRayMtl（VRay专业材质）、VRayLightMtl（VRay灯光材质）和VRayMtlWrapper（VRay材质包裹器）。

1.8.1 掌握VRayMtl材质

VRayMtl材质可以替代3ds Max的默认材质，它的突出之处是可以轻松控制物体的模糊反射和折射，以及类似蜡烛效果的半透明材质。下面来认识VRayMtl材质的参数。

1. Basic parameters（基本参数）卷展栏

VRayMtl材质类型的Basic parameters（基本参数）卷展栏如图1.57所示。

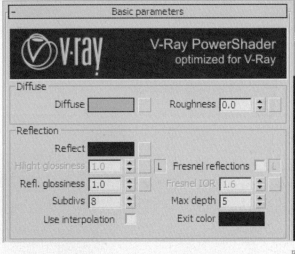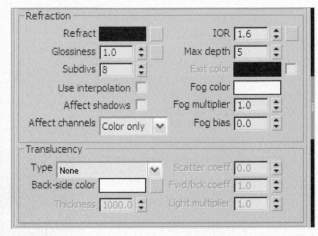

图1.57

其中主要参数的作用如下所述。

(1) Diffuse（漫反射）组

❖ Diffuse（漫反射）：设置材质的漫反射颜色，可以使用贴图覆盖。

(2) Reflection（反射）组

❖ Reflect（反射）：VRay使用颜色控制物体的反射强度，颜色越浅表现物体反射越强烈，黑色代表无反射效果，白色则代表全面反射，可以用贴图覆盖。如图1.58所示为通过调整反射颜色所产生的不同效果。

VRay超写实室内效果图渲染技术全解

图1.58

❖ Hilight glossiness
（高光光泽度）：
控制VRay材质的
高光状态。默认
情况下，L按钮
处于按下状态，
Hilight glossiness
数值框处于未激
活状态。数值为
1时没有高光，
数值越小则高光
面积越大。如图
1.59所示分别为
数值为0.2和0.9
时的效果。

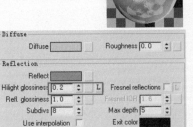

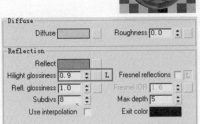

图1.59

Note 提示 **1** ▸ 数值为0.2时，从上图中可以看到金属物体产生了大面积的高光，从而使金属物体整体变亮；
数值为0.9时，从下图中可以看到金属物体的高光面积明显减小。

❖ Refl. glossiness（反射模糊）：值为1表示是一种完美的镜面反射效果，随着取值的减小，效果会
越来越模糊。平滑反射的质量由下面的Subdivs（细分）数值框来控制。如图1.60所示为设置数值
为0.7时金属的
效果，可以发
现金属的反射
变模糊了。

图1.60

❖ Subdivs（细分）：控制反射光泽度的品质。较小的取值将加快渲染速度，但会导致更多的噪波。当反射光泽度值为1时此数值无意义。如图1.61所示分别为该数值设置为1和12时的效果。

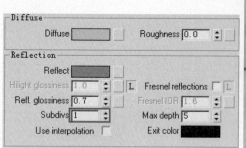

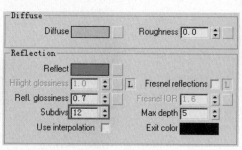

图1.61

数值为1时，渲染速度很快，但模糊反射效果很粗糙；数值为12时，渲染速度明显减慢，但模糊反射效果变得精细了。

❖ Use interpolation（使用插补）：VRay使用一种类似于发光贴图的缓存方案来加快模糊反射的计算速度，勾选此复选框表示使用缓存方案。

❖ Fresnel reflections（菲涅耳反射）：以法国著名的物理学家提出的理论命名的反射方式，以真实世界反射为基准，随着光线表面法线的夹角接近0°，反射光线也会递减至消失。

❖ Fresnel IOR（菲涅耳反射率）：这个参数在Fresnel reflections复选框后面的L按钮弹起的时候被激活，可以单独设置菲涅耳反射的反射率。

❖ Max depth（最大深度）：定义反射能完成的最大次数。注意当场景中具有大量的反射或折射表面的时候，这个参数要设置得足够大时才会产生真实的效果。

❖ Exit color（消退颜色）：当反射强度大于反射贴图最大深度值时，将反射此设定颜色。

（3）Refraction（折射）组

以下操作均为对场景中灯泡的材质进行的调节。

❖ Refract（折射）：VRay使用颜色来控制物体的折射强度，黑色代表无折射效果，白色代表垂直折射即完全透明，可以用贴图覆盖。如图1.62所示将颜色色块调整为白色时，灯泡完全透明了。

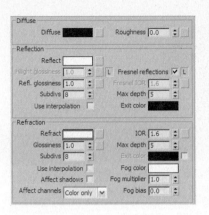
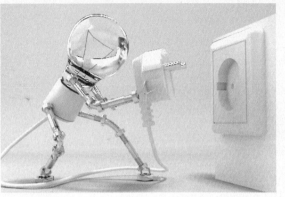

图1.62

Note 提 示 1 ▶ 当折射颜色设置为纯白色时，材质完全透明，材质的漫反射颜色将不再产生作用。如果将折射颜色色块设置为某种颜色，那么将产生带有一定颜色趋向的折射效果。

❖ Glossiness（折射模糊）：数值越小折射的效果就越模糊，默认为1。如图1.63所示将此参数数值设置为0.85时，灯泡明显变模糊了。

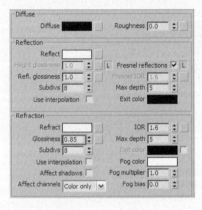
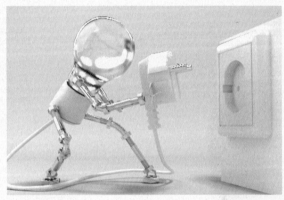

图1.63

❖ Subdivs（细分）：折射光泽采样值，定义折射光泽的采样数量，较小的取值将加快渲染速度，但会导致更多的噪波。值为1时是垂直折射，此数值无意义。

❖ IOR（折射率）：定义材质折射率。将此数值设置为1.2时，灯泡的效果如图1.64所示。

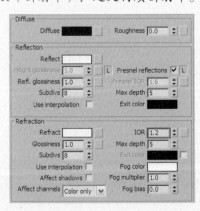
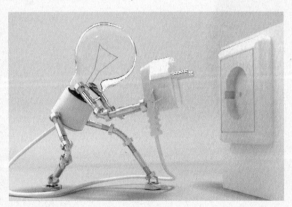

图1.64

❖ Max depth（最大深度）：折射贴图最大深度。

❖ Exit color（消退颜色）：折射强度大于折射贴图最大深度值时，将折射设定为此颜色。

❖ Fog color（雾色）：定义体积雾填充折射时的颜色。将体积雾颜色设置为淡绿色，灯泡的效果如图1.65所示。

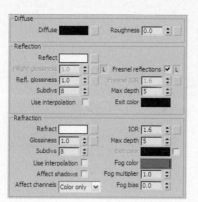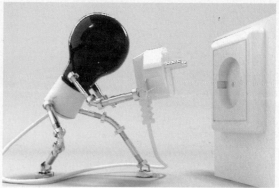

图1.65

❖ Fog multiplier（雾倍增器）：数值越大体积雾的浓度越大，当数值为0时体积雾为全透明。将倍增器数值设置为0.05时，灯泡的效果如图1.66所示。

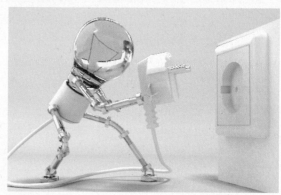

图1.66

❖ Use interpolation（使用插值）：使用一种类似于灰度贴图的方案来加快模糊折射的计算速度。

❖ Affect shadows（影响阴影）：勾选这个复选框将导致物体投射透明阴影，透明阴影的颜色取决于折射颜色和雾颜色。如图1.67所示为勾选该复选框后灯泡的效果，可以明显地看到不再有黑色的阴影。

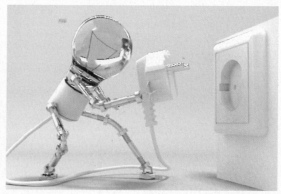

图1.67

❖ Affect channels（影响通道）：开启或关闭某个通道效果。

（4）Translucency（半透明）组

❖ Thickness（厚度）：半透明层浓度，当光线进入半透明材质的强度超过此值后，VRay便不会计算材质更深处的光线，此数值框只有开启了半透明性质后才可使用。

❖ Light multiplier（灯光倍增器）：定义材质内部的光线反射强弱，此数值框只有开启了半透明性质后才可使用。

❖ Scatter coeff（散射系数）：定义半透明物体散射光线的方向。值为0表示光线会在任何方向上被散射，值为1则表示在次表面散射的过程中光线不能改变散射方向。
❖ Fwd/bck coeff（向前/向后系数）：定义半透明物体内部的向前或向后的散射光线数量。

2. BRDF（双向反射分布函数）卷展栏

VRayMtl材质类型的BRDF（双向反射分布函数）卷展栏如图1.68所示。

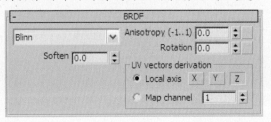

图1.68

BRDF卷展栏主要控制双向反射分布，定义物体表面的光能影响和空间反射性能，可以选择Phong（光滑塑料）、Blinn（木材面）和Ward（避光）3种物体特性。

其中主要参数的作用如下。

❖ Anisotropy（各向异性）：以各个点为中心，逐渐化成椭圆形。
❖ Rotation（旋转）：设置高光的旋转角度。
❖ Local axis（本地轴向锁定）：各向异性锁定到对象自身的局部坐标上。
❖ Map channel（贴图通道）：利用贴图通道控制各向异性的方向。

3. Options（选项）卷展栏

VRayMtl材质类型的Options（选项）卷展栏如图1.69所示。

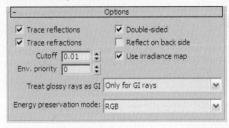

图1.69

其中主要参数的作用如下。

❖ Trace reflections（追踪反射）：开启或者关闭反射。
❖ Trace refractions（追踪折射）：开启或者关闭折射。
❖ Cutoff（阈值）：反射和折射之间的阈值，定义反射和折射在最后结束光线追踪后的最小分布。
❖ Double-sided（双面）：双面材质。
❖ Reflect on back side（在背面反射）：计算光照面背面。
❖ Use irradiance map（使用光照贴图）：勾选此复选框后材质物体使用光照贴图来进行照明。
❖ Energy preservation mode（能量保存模式）：VRay支持RGB彩色存储和Monochrome（单色）存储。

4. Maps（贴图）卷展栏

在Maps（贴图）卷展栏中可以对VRay的材质贴图进行设置，如图1.70所示。由于其中的参数基本与3ds Max相同，故不再赘述。

Maps			
Diffuse	100.0	✔	None
Roughness	100.0	✔	None
Reflect	100.0	✔	None
HGlossiness	100.0	✔	None
RGlossiness	100.0	✔	None
Fresnel IOR	100.0	✔	None
Anisotropy	100.0	✔	None
An.	100.0	✔	None
Refract	100.0	✔	None
Glossiness	100.0	✔	None
IOR	100.0	✔	None
Translucent	100.0	✔	None
Bump	30.0	✔	None
Displace	100.0	✔	None
Opacity	100.0	✔	None
Environment		✔	None

图1.70

1.8.2 掌握VRayLightMtl（VRay发光材质）材质

可以简单地将VRayLightMtl材质当做VRay的自发光材质，常用于制作类似自发光灯罩这样的效果，该材质类型的卷展栏如图1.71所示，实际应用效果如图1.72所示。

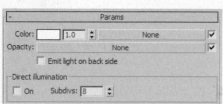

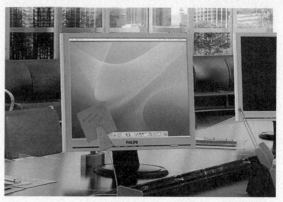

图1.71　　　　　　　　　　　　　　　　　　图1.72

其中各个参数的作用如下所述。

❖ Color（颜色）：控制物体的发光颜色。
❖ 颜色色块后方的数值框：倍增值，控制物体的发光强度。
❖ 数值框后方的贴图按钮：指定一种材质或贴图来替代Color颜色色块所定义的纯色产生发光效果。
❖ Opacity（不透明）：指定不透明度贴图。
❖ Emit light on back side（背面发光）:增加背光效果。未勾选此复选框时平面物体只有一面发光，勾选后平面物体两面都发光。

1.8.3 掌握VRayMtlWrapper（VRay材质包裹）材质

VRay渲染器提供的VRayMtlWrapper材质可以嵌套VRay支持的任何一种材质类型，并且可以有效地控制VRay的色溢。它类似一个材质包裹，任何材质经过它的包裹后，可以控制接收和传递光子的强度，该材质类型的卷展栏如图1.73所示。

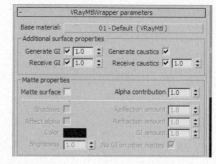

图1.73

其中各个参数的作用如下。

❖ Base material（基本材质）：被嵌套的材质，定义包裹材质中使用的基本材质。
❖ Generate GI（产生光能传递）：控制物体表面光能传递产生的强度，此数值小则传达到第二个物体的颜色会减少，色溢现象也会随之减弱。
❖ Receive GI（接收光能传递）：控制物体表面光能传递接收的强度。数值越高，受到越强烈的光，就会越亮；数值越低，吸收的光越少，就会越暗。
❖ Generate caustics（产生焦散）：控制物体表面焦散的产生和焦散的强度。
❖ Receive caustics（接收焦散）：控制物体表面焦散接收的强度。

Note 提示 1 ▶ 在实际工作中经常使用VRayMtlWrapper材质来控制图像中的色溢现象，通过适当降低Generate GI数值框的值，可以达到控制场景色溢的目的，但过低的数值可能导致场景局部偏暗。

光盘\教学视频\第2章 时尚厨房.swf

光盘\第2章\时尚厨房源文件.max

光盘\第2章\时尚厨房效果文件.max

光盘\第2章\单体模型素材（12款）

本章数据

场景模型：70M

单体模型：12款

欣赏场景：8张

学习视频：50分钟

第 **2** 章

简单却迷人的质感空间
——时尚厨房表现

图2.1

2.1 时尚厨房设计概述

厨房是家庭烹煮食物的地方，在家居设计中占重要地位。不同烹饪习惯、文化差异和不同的家庭人口结构，其厨房的形式也有所不同，一般可分为封闭式厨房和开放式厨房。传统的厨房设计通常是封闭式的，随着东西方文化的密切交流，代表西式厨房的开放式厨房也渐渐地被人们所接受，如图2.1所示。

本案例就是一个典型的开放式厨房空间。开放式厨房主要是指厨房、餐厅合一或是厨餐、起居室合一的设计方式。这种方式一方面基于西餐的操作流程，更主要的是促进妻子与丈夫、母亲与孩子的交流，这种方式让家庭关系更融洽、稳固。

在厨房中操作时，冰箱、洗涤池及灶台之间的来往最多，因此厨房的设计应主要体现在对应的储物区洗涤区和烹饪区这3个工作区。最理想的是这3个工作区呈三角形，这样操作将会少走很多路。但根据厨房空间形状的不同，其橱柜的形式也不相同，有一字形、L形、双列形、U字形和岛形等，要因地制宜地安排流程路线。

根据本案例中空间结构特征，厨房采用了L形的橱柜布局形式，针对面积较小的厨房，要充分利用空间，在功能齐全的基础上，做到样式美观。浅色系的装饰风格能使厨房显得开阔，以通透、简单的几何木格作为厨房的隔断，来达到不错的视觉效果。

Work 2.2 时尚厨房简介
VRay ART SHI SHANG CHU FANG JIAN JIE

本章案例展示了一个时尚厨房空间，开放式的厨房空间使用红白色整体橱柜，流畅的轮廓线使墙面、天花和地面形成一个动静结合的有机整体，体现了开放自由而富有个性的单身白领生活。

本场景采用了日光、天光和室内灯光的表现手法，案例效果如图2.2所示。

图2.2

如图2.3所示为时尚厨房模型的线框效果图。

下面首先进行测试渲染参数设置，然后进行灯光设置。

图2.3

Work 2.3 测试渲染参数设置

VRay ART CE SHI XUAN RAN CAN SHU SHE ZHI 3ds Max 2010+VRay

打开本书配套光盘中的"第2章\时尚厨房源文件.max"场景文件，如图2.4所示，可以看到这是一个已经创建好的厨房场景模型，并且场景中的摄影机已经创建好了。

下面首先进行测试渲染参数设置，然后为场景布置灯光。灯光布置包括室外阳光、天光及室内人造光源等的创建，其中室外阳光和天光为场景的主要照明光源，对场景的亮度及层次起决定性作用。

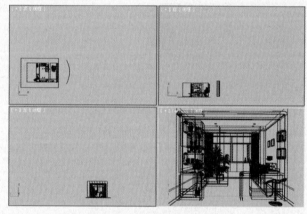

图2.4

2.3.1 设置测试渲染参数

测试渲染参数的设置步骤如下。

01 首先需要将默认的渲染器类型更改为VRay渲染器。按F10键打开渲染设置对话框，在"公用"选项卡的"指定渲染器"卷展栏中单击"产品级"右侧的 ... （选择渲染器）按钮，然后在弹出的"选择渲染器"对话框中选择安装好的V-Ray Adv 1.50.SP4渲染器，如图2.5所示。渲染器设置为VRay渲染器后，渲染设置对话框的界面发生了变化，打开其中的"渲染器"选项卡可以看到选择好的VRay渲染器面板，如图2.6所示。

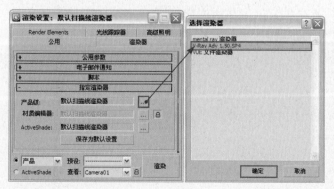

图2.5

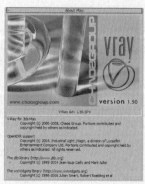

图2.6

本章材质快速浏览

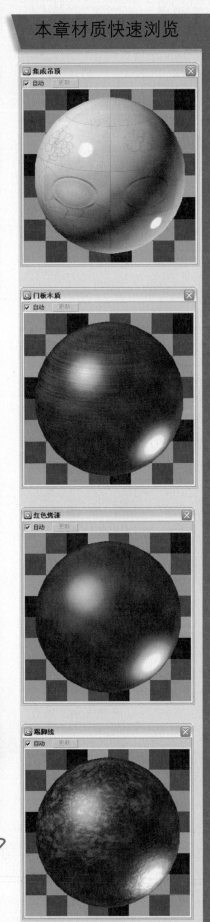

02 在 公用参数 卷展栏中设置较小的图像尺寸，如图2.7所示。

图2.7

03 进入V-Ray选项卡，在 V-Ray:: Global switches （全局开关）卷展栏中的参数设置如图2.8所示。

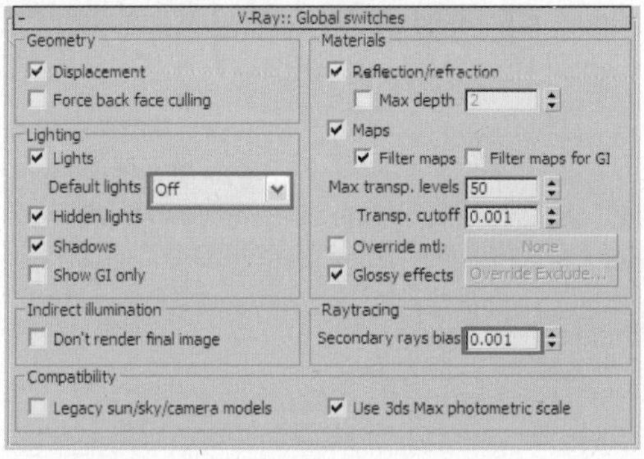

图2.8

04 进入 V-Ray:: Image sampler (Antialiasing) （图像采样）卷展栏中，参数设置如图2.9所示。

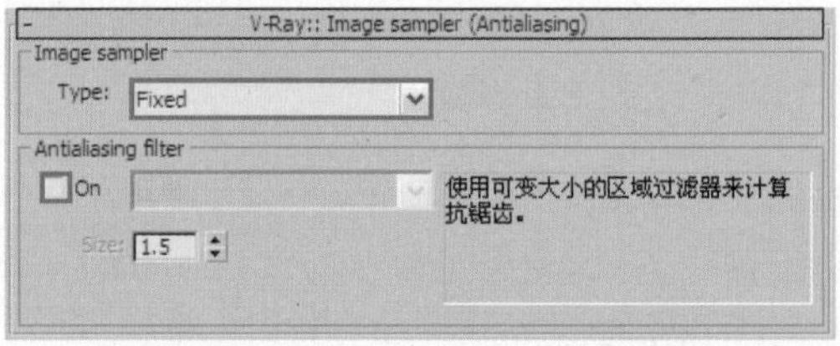

图2.9

05 进入Indirect illumination（间接照明）选项卡中，在 V-Ray:: Indirect illumination (GI) （间接照明）卷展栏中设置参数，如图2.10所示。

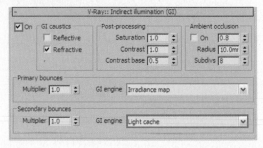

图2.10

VRay超写实室内效果图渲染技术全解

06 在 V-Ray:: Irradiance map （发光贴图）卷展栏中设置参数，如图2.11所示。

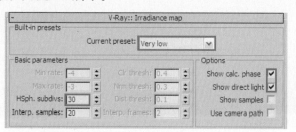

图2.11

07 在 V-Ray:: Light cache （灯光缓存）卷展栏中设置参数，如图2.12所示。

图2.12

08 下面对环境光进行设置。打开 V-Ray:: Environment （环境）卷展栏，在GI Environment (skylight) override（环境天光覆盖）组中勾选On（开启）复选框，如图2.13所示。

图2.13

Note 提示 **2** ▶ 预设测试渲染参数是根据自己的经验和电脑本身的硬件配置得到的一个相对低的渲染设置，读者在这里可以作为参考，也可以自己尝试一些其他的参数设置。

2.3.2 布置场景灯光

本场景光线来源主要为室外天光、日光和室内的筒灯灯光。

01 首先创建室外的日光。单击 ✛ （创建）按钮进入创建命令面板，单击 ⚲ （灯光）按钮，在打开面板中的下拉列表框中选择"标准"选项，然后在"对象类型"卷展栏中单击 **目标平行光** 按钮，在视图中创建一盏目标平行光，位置如图2.14所示。

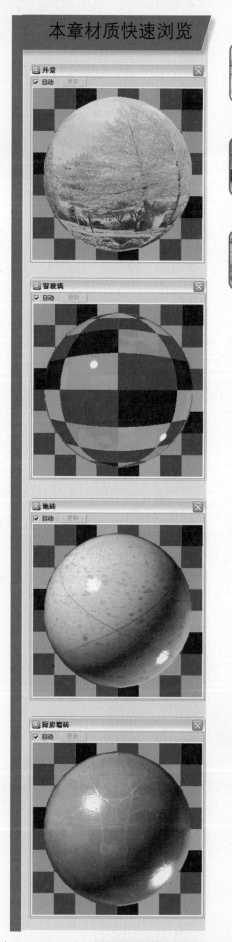

本章材质快速浏览

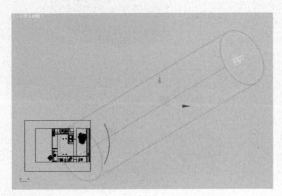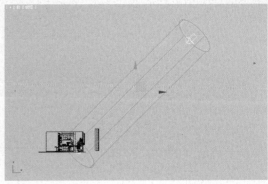

图2.14

02 单击 ✎（修改）按钮进入修改命令面板，将刚刚创建的目标平行光Direct01的参数设置为如图2.15所示。

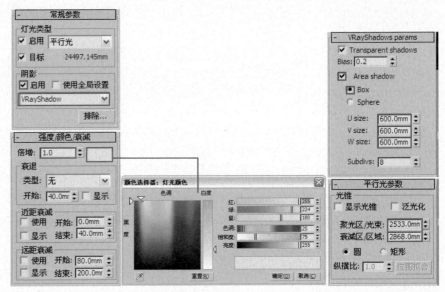

图2.15

03 由于物体"外景"阻挡了阳光进入室内，需在目标平行光中将其"排除"，参数设置如图2.16所示。

04 由于窗玻璃没有赋予材质，先将其隐藏，对摄影机视图进行渲染，灯光效果如图2.17所示。

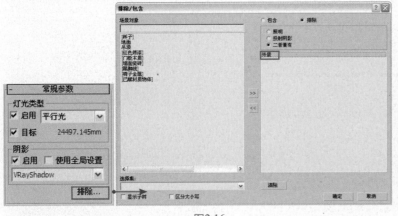

图2.16   图2.17

05 室外日光创建完毕，下面创建室外天光。单击 ☀（创建）按钮进入创建命令面板，再单击 🔦（灯光）按钮，在打开的面板的下拉列表框中选择VRay选项，然后在"对象类型"卷展栏中单击 VRayLight （VRay灯光）按钮，在场景的阳面窗户外部区域创建一盏VRayLight面光源，并通过旋转、移动等工具调整其位置，如图2.18所示，灯光参数设置如图2.19所示。

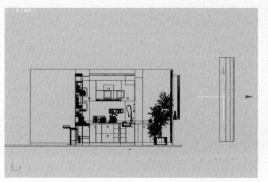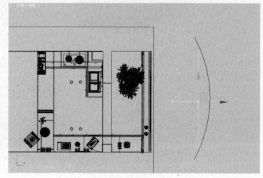

图2.18

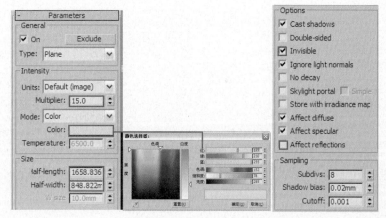

图2.19

06 对摄影机视图进行渲染，灯光效果如图
2.20所示。

图2.20

07 接着设置天光。在如图2.21所示位置创建一盏VRayLight面光源来模拟室外天光，具体参数设置
如图2.22所示。

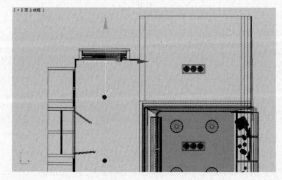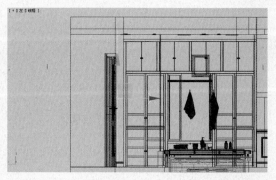

图2.21

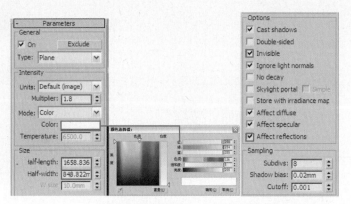

图2.22

图2.23

08 对摄影机视图进行渲染，效果如图2.23所示。

09 从渲染画面可以看到，当前场景有点暗，下面通过调整场景曝光参数来提高场景亮度。按F10键打开渲染设置对话框，进入V-Ray选项卡，在 `V-Ray:: Color mapping` （色彩贴图）卷展栏中进行曝光控制，参数设置如图2.24所示，再次渲染的效果如图2.25所示。

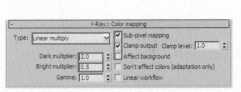

图2.24

图2.25

10 室外天光已创建完毕，下面来创建室内的灯光效果。首先来设置天花板上的筒灯。单击 按钮进入创建命令面板，单击 按钮，在打开面板的下拉列表框中选择"光度学"选项，然后在"对象类型"卷展栏中单击 自由灯光 按钮，在如图2.26所示位置创建一盏自由灯光来模拟天花板筒灯效果。

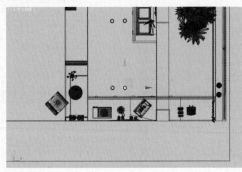

图2.26

VRay超写实室内效果图渲染技术全解

11 进入修改命令面板对创建的自由灯光参数进行设置，如图2.27所示。光域网文件为配套光盘中的"第2章\maps\10.IES"文件。

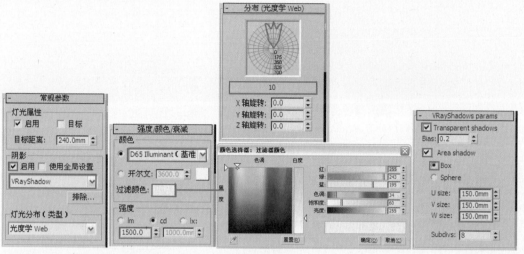

图2.27

12 在顶视图中，选择刚刚创建的自由灯光FPoint01，并将其关联复制出3盏，位置如图2.28所示。

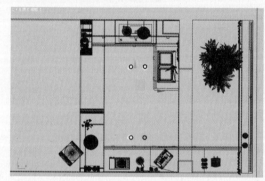 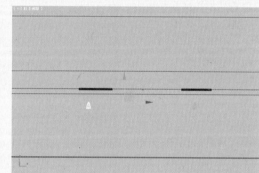

图2.28

13 对摄影机视图进行渲染，此时效果如图2.29所示。

上面已经对场景的灯光进行了布置，最终测试结果比较满意，测试完灯光效果后，下面进行材质设置。

图2.29

Work 2.4 设置场景材质

VRay ART   SHE ZHI CHANG JING CAI ZHI   3ds Max 2010+VRay

时尚厨房场景的材质相对比较简单，主要集中在地砖、墙面瓷砖及顶面塑钢等材质的设置上，如何很好地表现这些材质的效果是表现的重点与难点。

Note
提示 **2** 在制作模型的时候必须清楚物体材质的区别,将同一种材质的物体执行成组或塌陷操作,这样可以在赋予物体材质的时候更方便。

2.4.1 设置主体材质

01 首先来设置外景材质。选择一个空白材质球,将其设置为 `VRayLightMtl` (VRay灯光材质)材质,并将其命名为"外景",具体参数设置如图2.30所示。

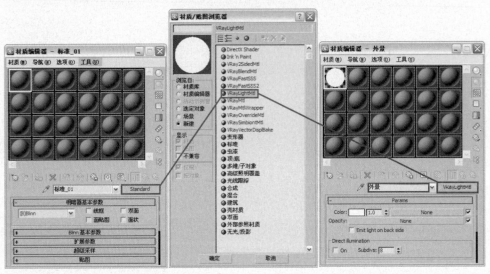

图2.30

02 单击Color(色彩)右侧的贴图通道按钮,为其添加一个"位图"贴图,具体参数设置如图2.31所示。贴图文件为配套光盘中的"第2章\maps\20070621_d205932917fdc21d1c052nQUwP3GhwKh.jpg"文件。

03 将材质指定给物体"外景",对摄影机视图进行渲染,效果如图2.32所示。

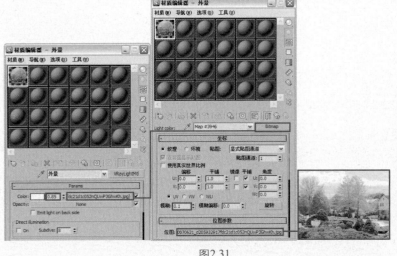

图2.31

图2.32

Note
提示 **2** 场景中部分物体材质已经事先设置好,这里仅对场景中的主要材质进行讲解。

04 "窗玻璃"材质的设置。选择一个空白材质球,将其设置为VRayMtl材质,并将其命名为"窗玻璃",具体参数设置如图2.33所示。

05 显示物体"窗玻璃",并将材质指定给它,对摄影机视图进行渲染,效果如图2.34所示。

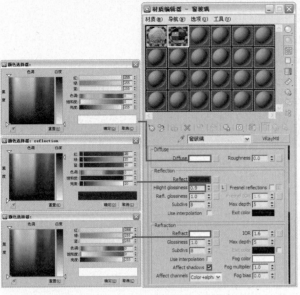

图2.33　　　　　　　　　　　　　　图2.34

06 地面材质的设置。选择一个空白材质球，将其设置为VRayMtl材质，并将其命名为"地砖"。单击Diffuse（漫反射）右侧的贴图通道按钮，为其添加一个"位图"贴图，具体参数设置如图2.35所示。贴图文件为配套光盘中的"第2章\maps\496地面砖.jpg"文件。

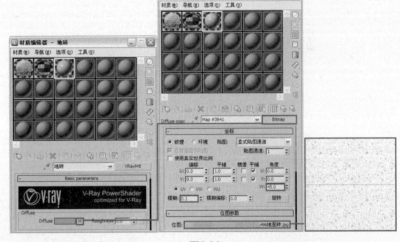

图2.35

Note 提示 2 ▶ VRayMtl材质可以代替3ds Max的默认材质，使用它可以方便快捷地表现出物体的反射、折射效果，它还可以表现出真实的次表面散射效果（SSS效果），如皮肤、玉石等物体的半透明效果。

---

07 返回VRayMtl材质层级，单击Reflect（反射）右侧的贴图通道按钮，为其添加一个"衰减"程序贴图，具体参数设置如图2.36所示。

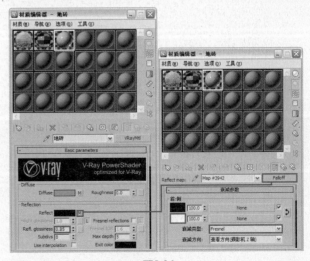

图2.36

Reflect（反射）是靠颜色的灰度来控制的，颜色越白反射越强，越黑反射越弱；而这里设置的颜色则是反射出来的颜色。单击旁边的按钮，可以使用贴图的灰度来控制反射的强弱（颜色分为色度和灰度，灰度是控制反射强弱的，色度是控制反射出什么颜色的）。

08 返回VRayMtl材质层级，进入Maps（贴图）卷展栏，将Diffuse（漫反射）右侧的贴图关联复制到Bump（凹凸）右侧的贴图通道上，具体参数设置如图2.37所示。

09 将材质指定给物体"地面"，对摄影机视图进行渲染，效果如图2.38所示。

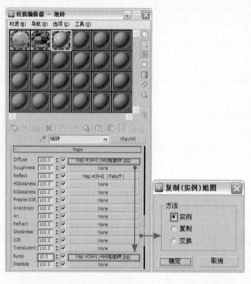

图2.37   图2.38

10 顶面材质的设置。选择一个空白材质球，将其设置为VRayMtl材质，并将其命名为"集成吊顶"。单击Diffuse（漫反射）右侧的贴图通道按钮，为其添加一个"位图"贴图，具体参数设置如图2.39所示。贴图文件为配套光盘中的"第2章\maps\集成吊顶.jpg"文件。

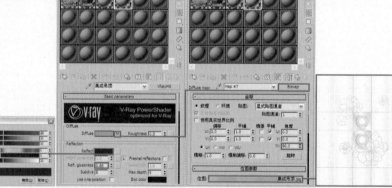

图2.39

11 将材质指定给物体"吊顶"，对摄影机视图进行渲染，效果如图2.40所示。

图2.40

12 接下来设置墙面瓷砖材质。选择一个空白材质球,将其设置为VRayMtl材质,并将其命名为"墙面瓷砖"。单击Diffuse(漫反射)右侧的贴图通道按钮,为其添加一个"位图"贴图,具体参数设置如图2.41所示。

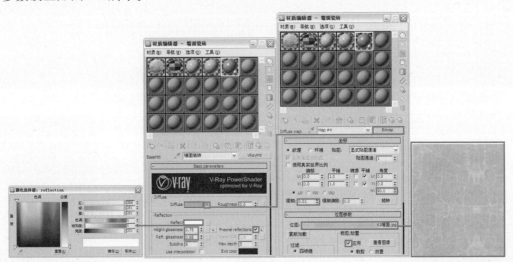

图2.41

13 返回VRayMtl材质层级,进入Maps(贴图)卷展栏,将Diffuse(漫反射)右侧的贴图关联复制到Bump(凹凸)右侧的贴图通道上,具体参数设置如图2.42所示。

14 由于墙面瓷砖的颜色比较鲜艳,容易产生溢色现象。这里为其添加一个包裹材质,具体参数设置如图2.43所示。

15 将材质指定给物体"墙面瓷砖",对摄影机视图进行渲染,效果如图2.44所示。

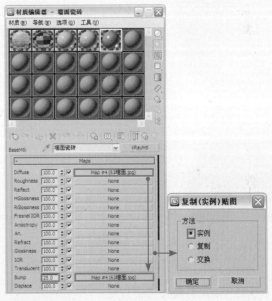

图2.42

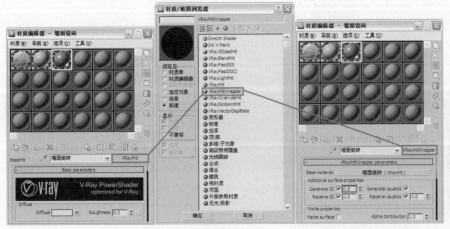

图2.43

图2.44

2.4.2 设置其他材质

01 场景中木质材质的设置。选择一个空白材质球，将其设置为VRayMtl材质，并将其命名为"门板木质"。单击Diffuse（漫反射）右侧的贴图通道按钮，为其添加一个"位图"贴图，具体参数设置如图2.45所示。贴图文件为配套光盘中的"第2章\maps\木纹01221.jpg"。

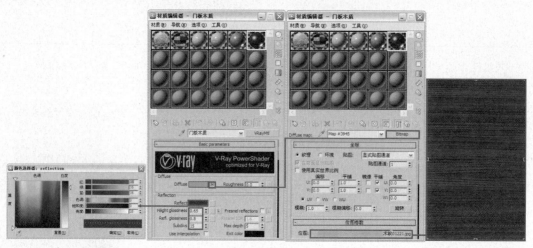

图2.45

02 将材质指定给物体"门板木质"，对摄影机视图进行渲染，木板的局部效果如图2.46所示。

03 接着设置红色烤漆材质。选择一个空白材质球，将其设置为VRayMtl材质，并将其命名为"红色烤漆"，具体参数设置如图2.47所示。

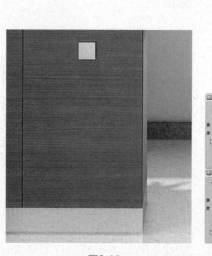

图2.46

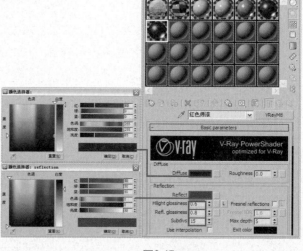

图2.47

Note 提示 2 ▶ Diffuse（漫反射）为物体的漫反射颜色，即物体的表面颜色。通过单击它的颜色色块，可以调整它自身的颜色，而单击右侧的按钮可以选择不同的贴图类型。Subdivs（细分）数值框用来控制反射模糊的品质，较高的值可以取得较平滑的效果，而较低的值让模糊区域有颗粒效果，细分值越大渲染速度越慢。

---

04 将材质指定给物体"红色烤漆"，对摄影机视图进行渲染，烤漆的局部效果如图2.48所示。

05 踢脚线材质的设置。选择一个空白材质球，将其设置为VRayMtl材质，并将其命名为"踢脚线"。单击Diffuse（漫反射）右侧的贴图通道按钮，为其添加一个"位图"贴图，具体参数设置如图2.49所示。贴图文件为配套光盘中的"第2章\maps\2004730113910964.jpg"。

图2.48

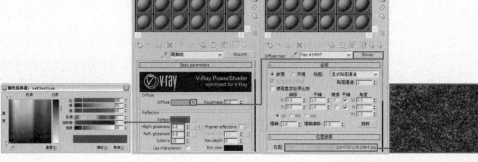

图2.49

06 将材质指定给物体"踢脚线",对摄影机视图进行渲染,踢脚线的局部效果如图2.50所示。

07 玻璃杯子材质的设置。选择一个空白材质球,将其设置为VRayMtl材质,并将其命名为"杯子玻璃"。单击Reflect(反射)右侧的贴图通道按钮,为其添加一个"衰减"程序贴图,具体参数设置如图2.51所示。

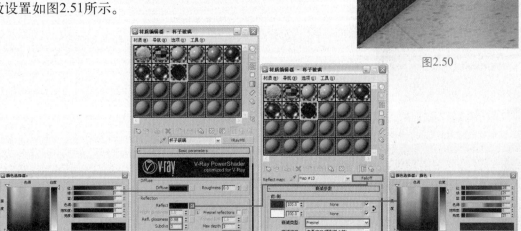

图2.50

图2.51

08 返回VRayMtl材质层级,设置其折射参数如图2.52所示。

09 将材质指定给物体"杯子",对摄影机视图进行渲染,杯子的局部效果如图2.53所示。

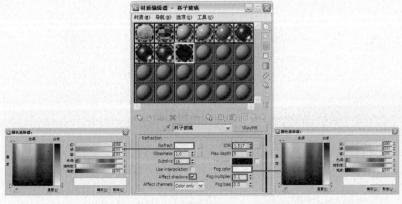

图2.52

图2.53

10 椅子金属材质的设置。选择一个空白材质球,将其设置为VRayMtl材质,并将其命名为"椅子金属",具体参数设置如图2.54所示。

11 对摄影机视图进行渲染，椅子金属部分的局部效果如图2.55所示。

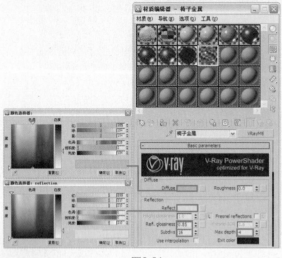

图2.54　　　　　　　　　　　　　　　　　图2.55

　　至此，场景的灯光测试和材质设置都已经完成，下面将对场景进行最终渲染设置。最终渲染设置将决定图像的最终渲染品质。

2.5.1 最终测试灯光效果

　　场景中的材质设置完毕后需要对场景进行渲染，观察此时场景整体的灯光效果。对摄影机视图进行渲染，效果如图2.56所示。

图2.56

　　观察渲染效果发现场景整体有点暗，下面将通过提高曝光参数来提高场景亮度，参数设置如图2.57所示，再次渲染效果如图2.58所示。

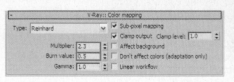

图2.57　　　　　　　　　　　　　图2.58

　　观察渲染效果，场景光线不需要再调整，接下来设置最终渲染参数。

2.5.2 灯光细分参数设置

01 首先将场景中用来模拟室外日光的目标平行光的灯光阴影细分值设置为24，如图2.59所示。

02 然后将用来模拟室外天光的VRayLight灯光的细分值设置为20，如图2.60所示。

03 最后将模拟筒灯的FPoint灯光的灯光阴影细分值设置为10，如图2.61所示。

图2.59

图2.60

图2.61

2.5.3 设置保存发光贴图和灯光贴图的渲染参数

为了更快地渲染出比较大尺寸的最终图像，可以先使用小的图像尺寸渲染并保存发光贴图和灯光贴图，然后再渲染大尺寸的最终图像。保存发光贴图和灯光贴图的渲染设置如下。

01 首先在 V-Ray:: Global switches （全局开关）卷展栏中勾选Don't render final image（不渲染最终图像）复选框，如图2.62所示。

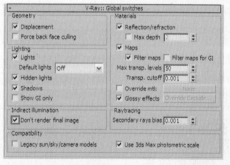
图2.62

Note 提示 2 勾选该复选框后，VRay将只计算相应的全局光子贴图，而不渲染最终图像，从而节省一定的渲染时间。

02 下面进行渲染级别设置。进入 V-Ray:: Irradiance map （发光贴图）卷展栏，设置参数如图2.63所示。

03 进入 V-Ray:: Light cache （灯光缓存）卷展栏，设置参数如图2.64所示。

图2.63

图2.64

04 在 V-Ray:: DMC Sampler （准蒙特卡罗采样器）卷展栏中设置参数如图2.65所示，这是模糊采样设置。

图2.65

05 渲染级别设置完毕，接下来设置保存发光贴图的参数。在 **V-Ray:: Irradiance map** （发光贴图）卷展栏中，激活On render end（渲染结束后）区域中的Don't delete（不删除）和Auto save

（自动保存）复选框，单击Auto save（自动保存）后面的 **Browse** （浏览）按钮，在弹出的Auto save irradiance map(自动保存发光贴图)对话框中输入要保存的文件名"发光贴图.vrmap"及选择保存路径，如图2.66所示。

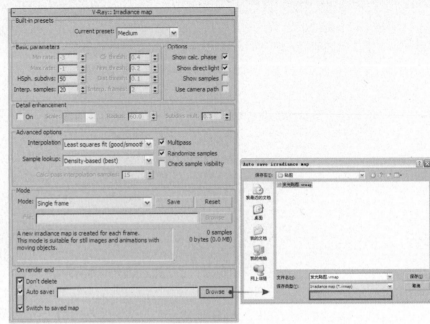

图2.66

06 同样在 **V-Ray:: Light cache** （灯光缓存）卷展栏中，激活On render end（渲染结束后）区域中的Don't delete（不删除）和Auto save(自动保存)复选框，单击Auto save（自动保存）后面的

Browse （浏览）按钮，在弹出的自动保存发光贴图的对话框中输入要保存的文件名"灯光贴图.vrlmap"及选择保存路径，如图2.67所示。

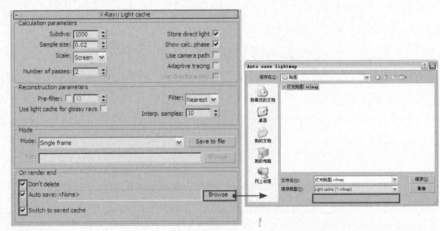

图2.67

Note 提示 **2** ▶ 激活发光贴图和灯光贴图的Switch to saved cache（切换到已保存贴图）复选框，当渲染结束之后，当前的发光贴图模式将自动转换为From file（来自文件）类型，并直接调用之前保存的发光贴图文件。

---

07 保持"公用"选项卡中的500×375输出大小，对摄影机视图进行渲染，效果如图2.68所示。由于这次设置了较高的渲染采样参数，渲染时间也增加了。

图2.68

VRay超写实室内效果图渲染技术全解

Note 提示 2 由于勾选了Don't render final image选项，可以发现系统并没有渲染最终图像，渲染完毕的发光贴图和灯光贴图将保存到指定的路径中，并在下一次渲染时自动调用。

渲染级别设置完毕，最后设置保存发光贴图和灯光贴图的参数并进行渲染即可。

2.5.4 最终成品渲染

最终成品渲染的参数设置如下。

01 当发光贴图和灯光贴图计算完毕后，在渲染设置对话框中的"公用"选项卡中设置最终渲染图像的输出尺寸，如图2.69所示。

02 在 V-Ray:: Global switches （全局开关）卷展栏中取消勾选Don't render final image（不渲染最终图像）复选框，如图2.70所示。

图2.69

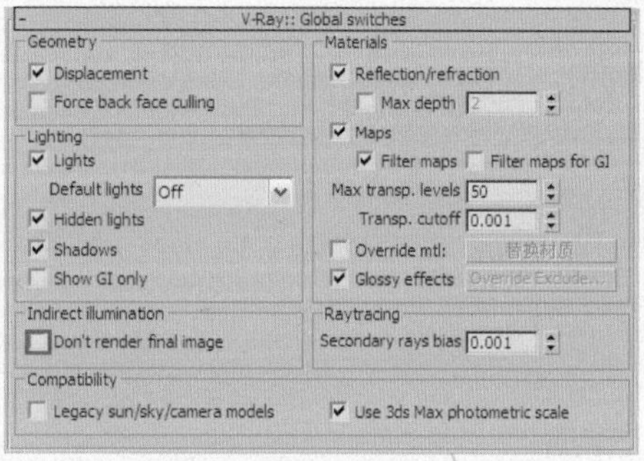

图2.70

03 在 V-Ray:: Image sampler (Antialiasing) （图像采样）卷展栏中设置抗锯齿和过滤器，如图2.71所示。

04 为了方便后期处理，我们将渲染好的图像保存为TGA格式的文件，最终渲染完成的效果如图2.72所示。

图2.71

图2.72

Work 2.6 Photoshop后期处理
VRay ART PHOTOSHOP HOU QI CHU LI
3ds Max 2010+VRay

最后使用Photoshop软件为图像添加外景并对图像的亮度、对比度及饱和度进行调整，使效果更加生动、逼真。主要使用到的命令有"曲线"、"高斯模糊"及"USM 锐化"等命令。

01 在Photoshop CS4软件中打开渲染图，如图2.73所示。

02 接下来选择菜单栏中的"图像→调整→亮度/对比度"命令，提高图像的亮度和对比度，参数设置如图2.74所示。

03 在"图层"面板中将"背景"图层拖曳到面板下方的 ▣ （创建新图层）按钮上，这样就会复制出一个副本图层，如图2.75所示。

图2.73

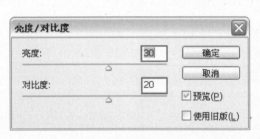

图2.74

图2.75

04 对复制出的图层进行高斯模糊处理，选择菜单栏中的"滤镜→模糊→高斯模糊"命令，参数设置如图2.76所示。

05 将副本图层的混合模式设置为柔光，将不透明度设置为30%，如图2.77所示。

图2.76

图2.77

06 按Ctrl+Shift+E组合键合并可见图层，最后对图像进行锐化处理，选择菜单栏中的"滤镜→锐化→USM锐化"命令，参数设置如图2.78所示，效果如图2.79所示。

图2.78   图2.79

07 最后为其添加一个"照片滤镜"滤镜，在菜单栏中选择"图像→调整→照片滤镜"命令，在弹出的"照片滤镜"对话框中进行参数设置，如图2.80所示，效果如图2.81所示。

图2.80   图2.81

08 经过Photoshop处理后的最终效果如图2.82所示。

图2.82

本章共附赠12款精美模型，以厨房类场景应用的模型居多，实际上这些模型不仅可以应用到厨房类场景，也可以应用到客厅或餐厅类场景中。

吧椅.max

吊灯.max

杯子.max

锅.max

餐桌椅.max

红酒.maxx

秤.max

厨房用品1.ma

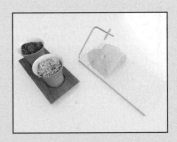

厨房用品2.max

金属杯子.max

生活用品.max

食品2.max

2.8 简约厨房案例赏析

欣赏优秀的案例作品，有利于快速提高自己的审美能力与设计水准，这一点对于效果图制作人员亦然。通过分析这些作品的视角、光线、质感与颜色搭配，就能够在这些方面提升自己的水平。

光盘\教学视频\第3章 简欧客厅.swf

光盘\第3章\简欧客厅源文件.max

光盘\第3章\简欧客厅效果文件.max

光盘\第3章\单体模型素材（12款）

本章数据

场景模型：35M

单体模型：12款

欣赏场景：8张

学习视频：70分钟

第 **3** 章

简洁而不失奢华的高雅空间
——简欧客厅空间表现

图3.1

3.1 简欧客厅设计概述

客厅是家居生活行为的枢纽中心，它既是家人团聚的重要区域，也是家庭对外会客的重要区域。常见的装饰风格主要可分为中式风格、欧式风格、日式风格、现代风格、自然风格和混合风格等。其中欧式风格装饰华丽、色彩浓烈、线条繁多，多为雍容华贵的装饰效果，在面积较大的空间中会达到很好的效果，如图3.1所示。

纯粹的欧式风格，在现代装修中并不多见，简洁的欧式风格更适合中国人的家居，本章案例就是一个典型的简洁欧式客厅空间。在本章案例中表现的家居空间中，顶、壁和门等装饰线条变化丰富，家具陈设及灯饰都略显欧式特色，墙上挂着金属框抽象画或摄影作品，以营造浓郁的艺术氛围，表现出主人的文化内涵。

Work 3.2 简欧客厅空间简介
VRay ART JIAN OU KE TING KONG JIAN JIAN JIE
3ds Max 2010+VRay

本章实例是一个欧式风格的客厅空间，精美的吊灯、柔和的灯光，使客厅散发出迷人的温情，整个室内色彩华丽且用金色予以协调，呈现出一派富丽堂皇的气派。

本场景中采用了天光的表现手法，案例效果如图3.2所示。

图3.2

如图3.3所示为客厅模型的线框效果图。

该场景的另外一个摄影机角度,如图3.4所示。

图3.3

图3.4

下面首先进行测试渲染参数设置,然后进行灯光设置。

Work 3.3 测试渲染参数设置

VRay ART　CE SHI XUAN RAN CAN SHU SHE ZHI　　3ds Max 2010+VRay

打开本书配套光盘中的"第3章\简欧客厅源文件.max"场景文件,如图3.5所示,可以看到这是一个已经创建好的客厅场景模型,并且场景中摄影机已经创建好了。

下面首先进行测试渲染参数设置,然后进行灯光布置。灯光布置主要包括天光、室内光源的建立。

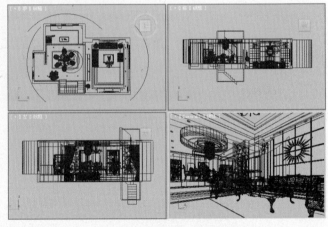
图3.5

3.3.1 设置测试渲染参数

测试渲染参数的设置步骤如下。

01 按F10键打开渲染设置对话框,渲染器已经设置为V-Ray Adv 1.50. SP4渲染器,在 公用参数 卷展栏中设置较小的图像尺寸,如图3.6所示。

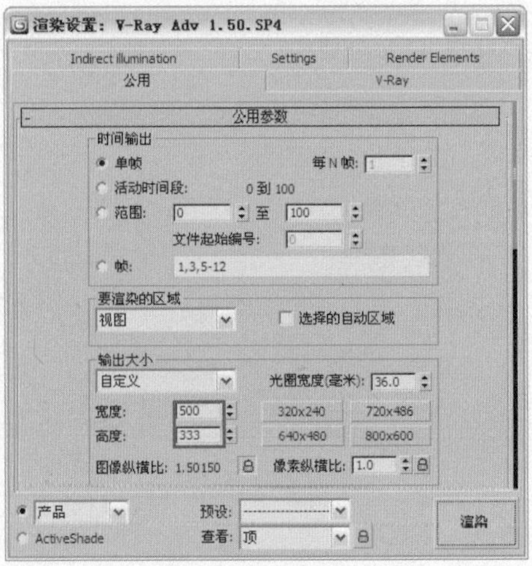

图3.6

VRay超写实室内效果图渲染技术全解

02 进入V-Ray选项卡，在 ▮▮▮ V-Ray:: Global switches ▮▮ （全局开关）卷展栏中的参数设置如图3.7所示。

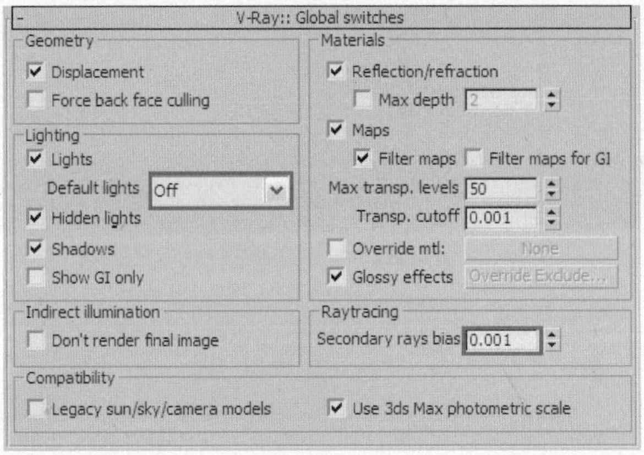

图3.7

03 进入 ▮▮ V-Ray:: Image sampler (Antialiasing) ▮▮ （图像采样）卷展栏中，参数设置如图3.8所示。

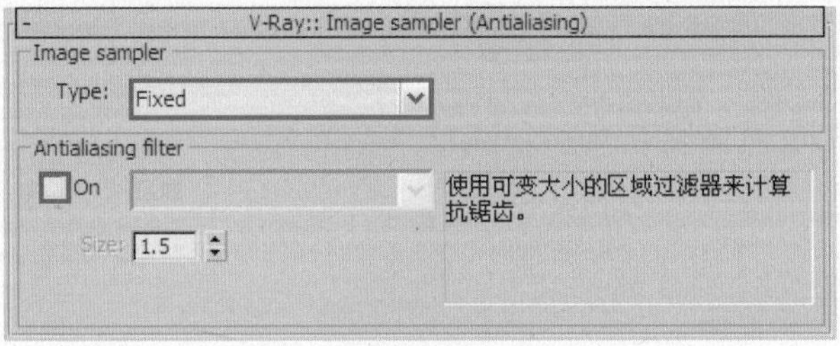

图3.8

04 进入到 ▮▮ V-Ray:: Indirect illumination (GI) ▮▮ （间接照明）选项卡中，在其中设置参数，如图3.9所示。

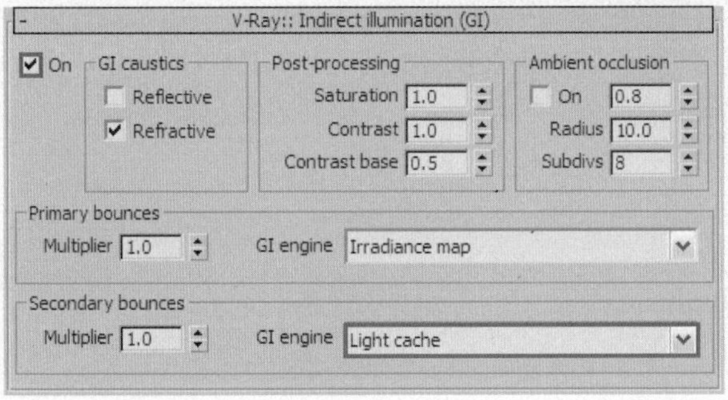

图3.9

05 在 ▮ V-Ray:: Irradiance map ▮ （发光贴图）卷展栏中设置参数，如图3.10所示。

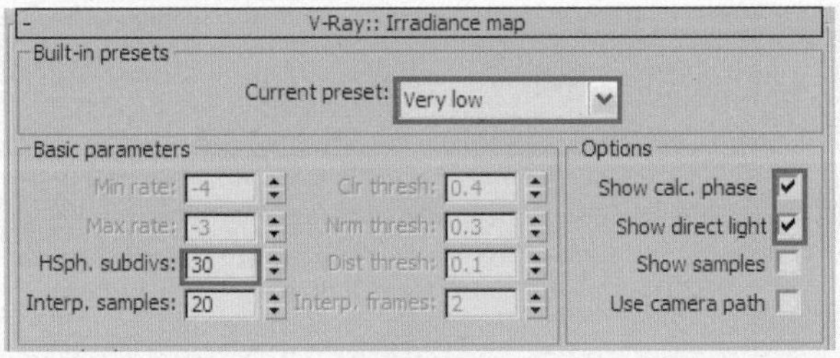

图3.10

本章材质快速浏览

06 在 **V-Ray:: Light cache** （灯光缓存）卷展栏中设置参数，如图3.11所示。

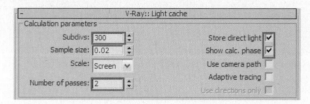

图3.11

3.3.2 布置场景灯光

本场景光线来源主要为天光，在为场景创建灯光前，首先用一种白色材质覆盖场景中的所有物体，这样便于观察灯光对场景的影响。

01 按M键打开材质编辑器对话框，选择一个空白材质球，单击其 **Standard** （标准）按钮，在弹出的"材质/贴图浏览器"对话框中选择 **VRayMtl** 材质，将材质命名为"替换材质"，具体参数设置如图3.12所示。

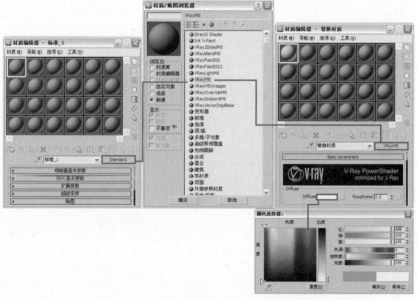

图3.12

02 按F10键打开渲染设置对话框，进入V-Ray选项卡，在 **V-Ray:: Global switches** （全局开关）卷展栏中勾选 Override mtl（覆盖材质）前的复选框，然后进入材质编辑器对话框中，将替换材质的材质球拖曳到Override mtl右侧的贴图通道按钮上，并以实例方式进行关联复制，具体参数设置如图3.13所示。

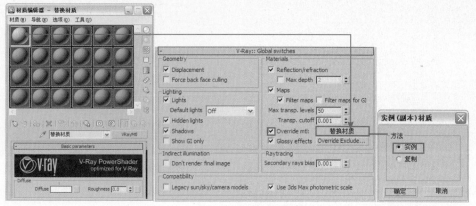

图3.13

03 创建室外部分的天光。单击 ✳ （创建）按钮进入创建命令面板，再单击 ⬦ （灯光）按钮，在打开面板的下拉列表框中选择VRay选项，然后在"对象类型"卷展栏中单击 VRayLight 按钮，在场景的窗外部分创建一盏VRayLight灯光，如图3.14所示。

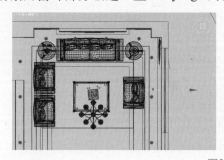
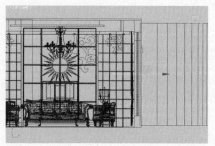

图3.14

04 灯光参数设置如图3.15所示。

图3.15

05 下面继续为场景创建天光，在窗口处创建一盏VRayLight面光源，灯光位置如图3.16所示。

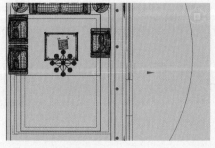
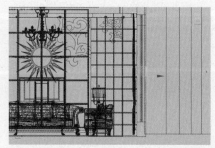

图3.16

06 灯光参数设置如图3.17所示。

图3.17

07 下面对摄影机视图进行渲染，在渲染前先将场景中的物体"窗玻璃"隐藏，因为场景中所有物体的材质都已经被替换为一种白色的材质，所以原本应该透明的玻璃材质也一样被替换为不透明的白色了，在灯光测试阶段先将其隐藏以观察正确的灯光效果，渲染效果如图3.18所示。

图3.18

08 从渲染效果中可以发现场景由于室内灯光的照明而曝光严重，下面通过调整场景曝光参数来降低场景亮度。按F10键打开渲染设置对话框，进入V-Ray选项卡，在 V-Ray:: Color mapping （色彩贴图）卷展栏中进行曝光控制，参数设置如图3.19所示。再次渲染，效果如图3.20所示。

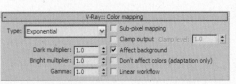

图3.19　　　　　　　　　　　　　　　　　　图3.20

Note 提 示 **3** 观察渲染结果发现场景亮度问题已经解决。

09 下面继续为场景创建天光，在窗口处创建一盏VRayLight面光源，灯光位置如图3.21所示。

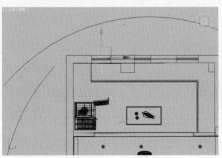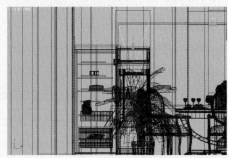

图3.21

10 灯光参数设置如图3.22所示。

图3.22

11 在视图中选择刚刚创建的天光VRayLight面光源，将其关联复制出2盏，灯光位置如图3.23所示。

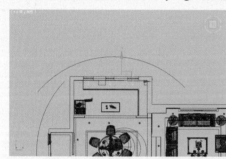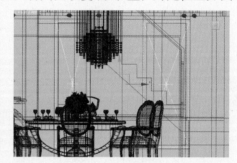

图3.23

12 下面继续为场景创建天光，在窗口处创建一盏VRayLight面光源，灯光位置如图3.24所示。

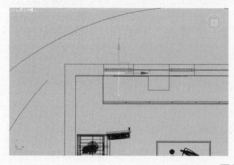

图3.24

13 灯光参数设置如图3.25所示。

图3.25

14 在视图中选择刚刚创建的天光VRayLight面光源，将其关联复制出2盏，灯光位置如图3.26所示。

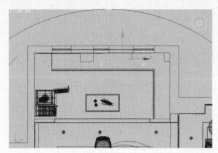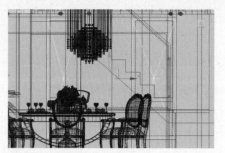

图3.26

15 对摄影机视图进行渲染，效果如图3.27
所示。

图3.27

16 下面创建顶棚处的筒灯灯光。单击 ※（创建）按钮进入创建命令面板，单击 （灯光）按
钮，在打开面板的下拉列表框中选择"光度学"选项，然后在"对象类型"卷展栏中单击
目标灯光 按钮，在如图3.28所示位置创建一盏目标灯光来模拟室内的筒灯灯光效果。

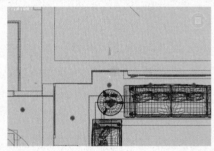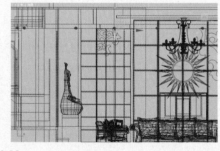

图3.28

17 进入修改命令面板对创建的目标灯光参数进行设置，如图3.29所示。光域网文件为配套光盘中
的"第3章\maps\19.IES"文件。

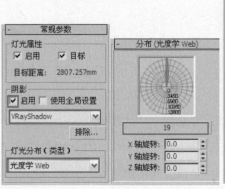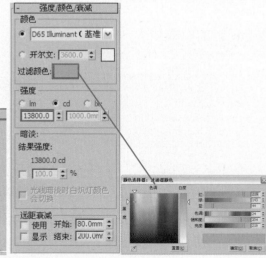

图3.29

18 在视图中，将刚刚创建的用来模拟筒灯灯光的目标灯光关联复制出11盏，各个灯光位置如图 3.30所示。对摄影机视图进行渲染，此时的灯光效果如图3.31所示。

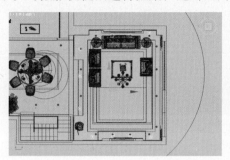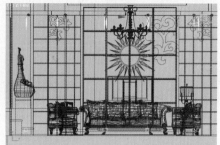

图3.30

图3.31

19 下面为场景创建暗藏灯光。在顶棚处创建一盏VRayLight灯光，灯光位置如图3.32所示。

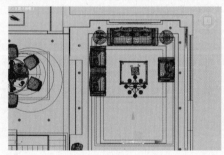

图3.32

20 灯光参数设置如图3.33所示。

图3.33

21 在视图中选择刚刚创建的暗藏灯光VRayLight面光源，将其关联复制出31盏，灯光位置如图3.34 所示。

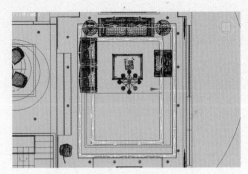

图3.34

22 对摄影机视图进行渲染，此时灯光效果如图3.35所示。

图3.35

23 下面继续为场景创建暗藏灯光。在顶棚处创建一盏VRayLight灯光，灯光位置如图3.36所示。

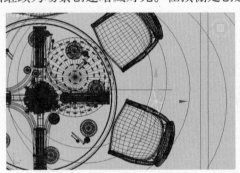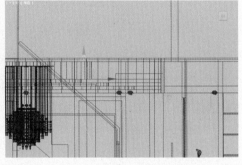

图3.36

24 灯光参数设置如图3.37所示。

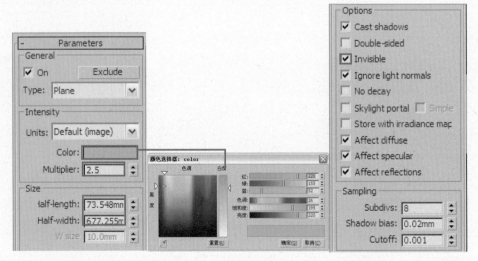

图3.37

25 在视图中选择刚刚创建的暗藏灯光，将其关联复制出22盏，灯光位置如图3.38所示。

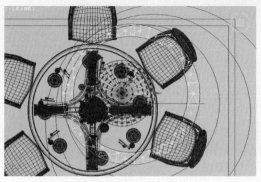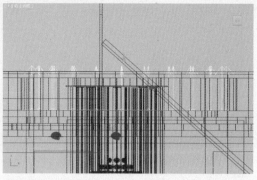

图3.38

26 对摄影机视图进行渲染，此时的灯光效果如图3.39所示。

图3.39

27 下面为场景创建背景墙处的暗藏灯光。在背景墙处创建一盏VRayLight灯光，灯光位置如图3.40所示。

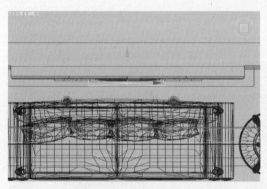

图3.40

28 灯光参数设置如图3.41所示。

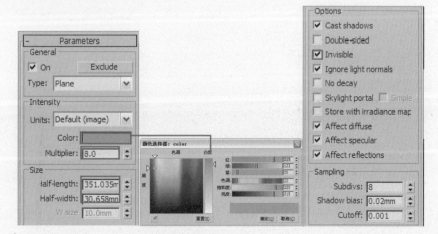

图3.41

29 在视图中选择刚刚创建的暗藏灯光，将其关联复制出4盏，参数设置如图3.42所示。

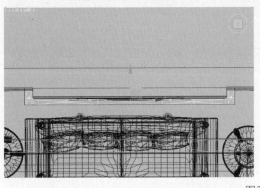

图3.42

30 对摄影机视图进行渲染，此时的灯光效果如图3.43所示。

图3.43

31 下面为场景创建餐厅处墙角的暗藏灯光。在墙角处创建一盏VRayLight灯光，灯光位置如图3.44所示。

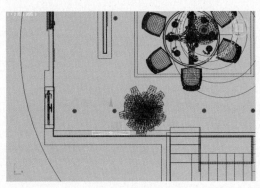

图3.44

32 灯光参数设置如图3.45所示。

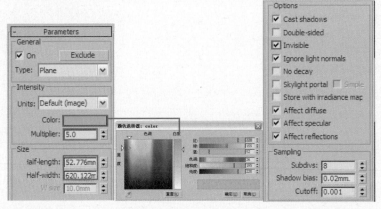

图3.45

VRay超写实室内效果图渲染技术全解

33 在视图中选择刚刚创建的暗藏灯光，将其关联复制出2盏，参数设置如图3.46所示。

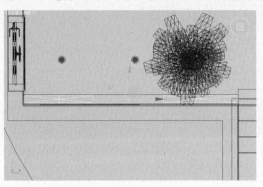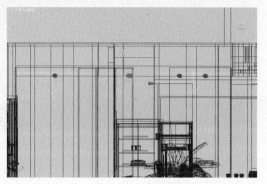

图3.46

34 对摄影机视图进行渲染，此时的灯光效果如图3.47所示。

图3.47

35 下面为场景创建餐厅处的筒灯灯光。在顶棚处创建一盏VRayLight灯光，灯光位置如图3.48所示。

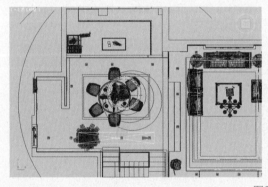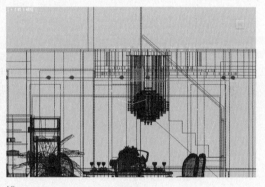

图3.48

36 灯光参数设置如图3.49所示。

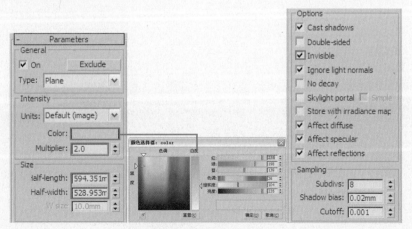

图3.49

37 在视图中选择刚刚创建的暗藏灯光，将其关联复制出1盏，灯光位置如图3.50所示。

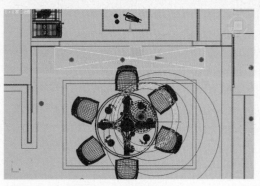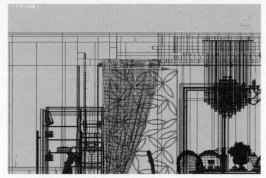

图3.50

38 对摄影机视图进行渲染，此时的灯光效果如图3.51所示。

图3.51

39 下面为场景创建餐桌上方的吊灯灯光。在吊灯处创建一盏VRayLight灯光，灯光位置如图3.52所示。

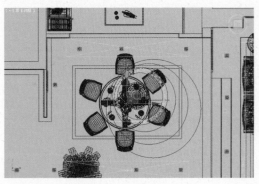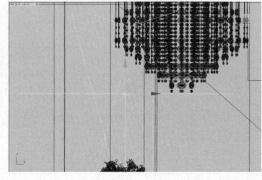

图3.52

40 灯光参数设置如图3.53所示。

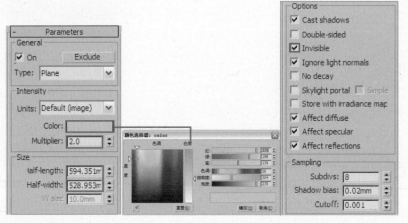

图3.53

41 对摄影机视图进行渲染，此时的灯光效果如图3.54所示。

图3.54

42 下面为场景创建楼梯处的灯光。在楼梯处创建一盏VRayLight灯光，灯光位置如图3.55所示。

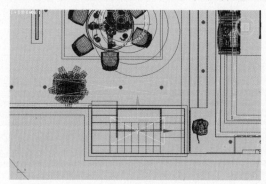 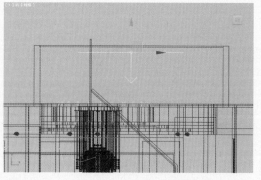

图3.55

43 灯光参数设置如图3.56所示。

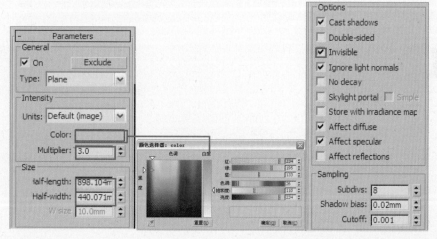

图3.56

44 对摄影机视图进行渲染，此时的灯光效果如图3.57所示。

图3.57

45 下面为场景创建楼梯补光。在场景中创建一盏VRayLight灯光，灯光位置如图3.58所示。

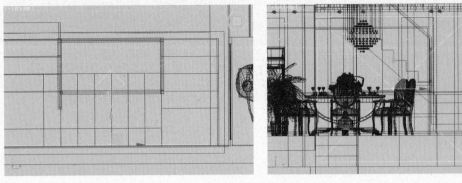

图3.58

46 灯光参数设置如图3.59所示。

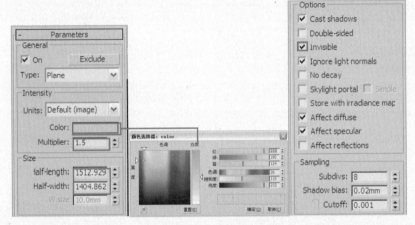

图3.59

47 对摄影机视图进行渲染，此时的灯光效果如图3.60所示。

图3.60

48 下面继续为场景创建补光。在场景中创建一盏VRayLight灯光，灯光位置如图3.61所示。

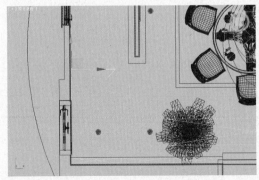
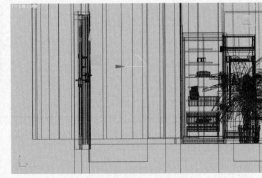

图3.61

49 灯光参数设置如图3.62所示。

图3.62

50 对摄影机视图进行渲染，此时的灯光效果如图3.63所示。

图3.63

上面已经对场景的灯光进行了布置，最终测试结果比较满意，测试完灯光效果后，下面进行材质设置。

Work 3.4 设置场景材质

3ds Max 2010+VRay
VRay ART　SHE ZHI CHANG JING CAI ZHI

简欧客厅场景的材质是比较丰富的，主要集中在木质、大理石等材质设置上，如何很好地表现这些材质的效果是表现的重点与难点。

Note 提示 3 ▶ 在制作模型的时候必须清楚物体材质的区别，将同一种材质的物体执行成组或塌陷操作，这样可以在赋予物体材质的时候更方便。

01 在设置场景材质前，首先要取消前面对场景物体的材质替换状态。按F10键打开渲染设置对话框，在 **V-Ray:: Global switches** （全局开关）卷展栏中，取消Override mtl（覆盖材质）前的复选框的勾选状态，如图3.64所示。

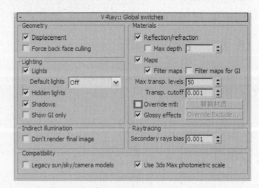

图3.64

02 在设置场景材质之前首先将之前隐藏的"窗玻璃"物体全部显示出来。下面设置大理石材质，按M键打开材质编辑器，从中选择一个空白材质球，将其设置为VRayMtl材质，并将其命名为

"大理石"。单击Diffuse（漫反射）右侧的贴图按钮，为其添加一个"位图"贴图，参数设置如图3.65所示。贴图文件为配套光盘中的"第3章\maps\地砖005.jpg"文件。

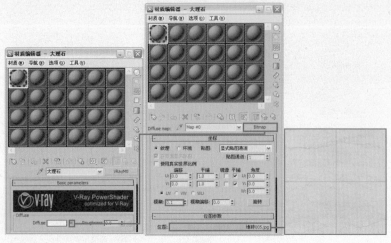

图3.65

03 返回VRayMtl材质层级，单击Reflect（反射）右侧的贴图按钮，为其添加一个"衰减"程序贴图，参数设置如图3.66所示。

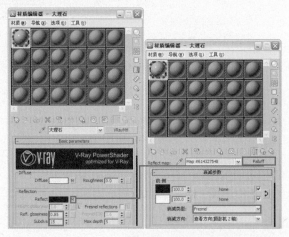

图3.66

04 返回VRayMtl材质层级，进入Maps（贴图）卷展栏，把Diffuse（漫反射）右侧的贴图通道按钮拖曳到Bump（凹凸）右侧的贴图通道按钮上，进行非关联复制操作，具体参数设置如图3.67所示。

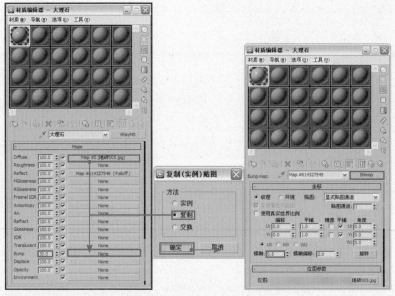

图3.67

05 将设置好的材质指定给物体"地面"，然后对摄影机视图进行渲染，地面局部效果如图3.68所示。

图3.68

Note 提 示 3 场景中部分物体材质已经事先设置好，这里仅对场景中的主要材质进行讲解。

06 下面设置黑色大理石材质。按M键打开材质编辑器，从中选择一个空白材质球，将其设置为VRayMtl材质，并将其命名为"黑色大理石"。单击Diffuse（漫反射）右侧的贴图按钮，为其添加一个"位图"贴图，参数设置如图3.69所示。贴图文件为配套光盘中的"第3章\maps\啡网纹.jpg"文件。

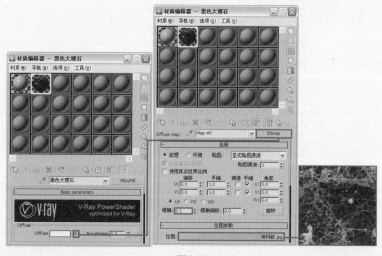

图3.69

07 返回VRayMtl材质层级，单击Reflect（反射）右侧的贴图按钮，为其添加一个"衰减"程序贴图，参数设置如图3.70所示。

08 将材质指定给物体"台面"，对摄影机视图进行渲染，局部效果如图3.71所示。

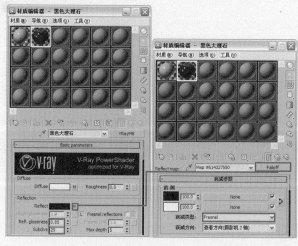

图3.70　　　　　　　　　　　　　　　　　图3.71

09 下面设置木纹材质。按M键打开材质编辑器，从中选择一个空白材质球，将其设置为VRayMtl

材质，并将其命名为"木纹"。单击Diffuse（漫反射）右侧的贴图按钮，为其添加一个"位图"贴图，参数设置如图3.72所示。贴图文件为配套光盘中的"第3章\maps\1151675782.jpg"文件。

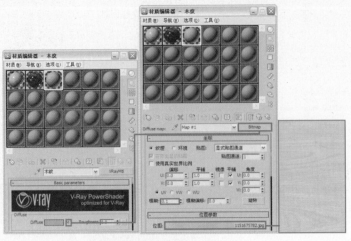

图3.72

10 返回VRayMtl材质层级，单击Reflect（反射）右侧的贴图按钮，为其添加一个"衰减"程序贴图，参数设置如图3.73所示。

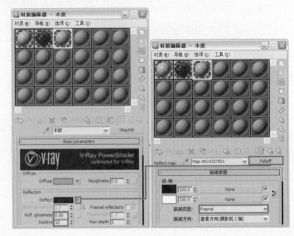

图3.73

11 返回VRayMtl材质层级，进入Maps卷展栏，把Diffuse（漫反射）右侧的贴图通道按钮拖曳到Bump（凹凸）右侧的贴图通道按钮上，进行非关联复制操作，具体参数设置如图3.74所示。

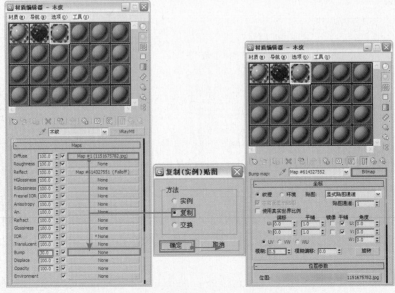

图3.74

12 将设置好的材质指定给物体"木纹饰面"，然后对摄影机视图进行渲染，局部效果如图3.75所示。

13 下面设置沙发布材质。按M键打开材质编辑器，从中选择一个空白材质球，将其设置为VRayMtl材质，并将其命名为"沙发布"。单击Diffuse（漫反射）右侧的贴图按钮，为其添加一个"位图"贴图，参数设置如图3.76所示。贴图文件为配套光盘中的"第3章\maps\BW-4-261.jpg"文件。

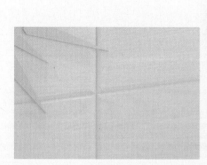

图3.75

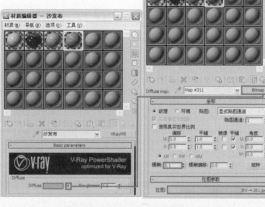

图3.76

14 返回VRayMtl材质层级，进入Maps卷展栏，把Diffuse（漫反射）右侧的贴图通道按钮拖曳到Bump（凹凸）右侧的贴图通道按钮上，进行非关联复制操作，具体参数设置如图3.77所示。

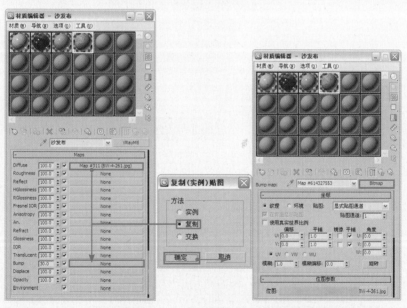

图3.77

15 将设置好的材质指定给物体"沙发布"，然后对摄影机视图进行渲染，局部效果如图3.78所示。

图3.78

16 下面开始设置沙发金属材质。按M键打开材质编辑器，从中选择一个空白材质球，将材质设置为VRayMtl材质，并将其命名为"沙发金属"，单击Diffuse（漫反射）右侧的颜色按钮，参数设置如图3.79所示。

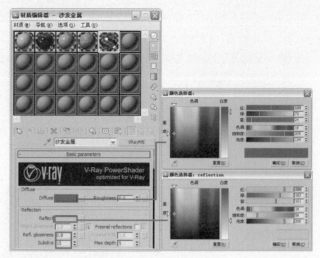

图3.79

17 将制作好的材质指定给物体"沙发金属"，对摄影机视图进行渲染，局部效果如图3.80所示。

18 下面设置椅子布材质。按M键打开材质编辑器，从中选择一个空白材质球，将其设置为VRayMtl材质，并将其命名为"椅子布"。单击Diffuse（漫反射）右侧的贴图按钮，为其添加一个"衰减"程序贴图，参数设置如图3.81所示。

图3.80

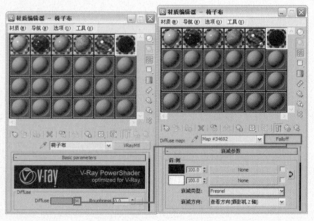

图3.81

19 在"衰减"贴图层级，单击第一个贴图通道按钮，为其添加一个"位图"贴图，参数设置如图3.82所示。贴图文件为配套光盘中的"第3章\maps\BW-4-262.jpg"文件。

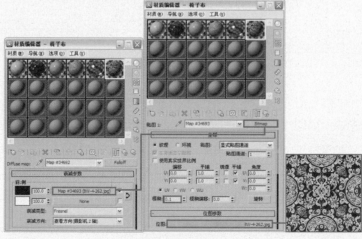

图3.82

VRay超写实室内效果图渲染技术全解

20 返回VRayMtl材质层级，单击Reflect（反射）右侧的贴图按钮，为其添加一个"位图"贴图，参数设置如图3.83所示。贴图文件为配套光盘中的"第3章\maps\布纹高光.jpg"文件。

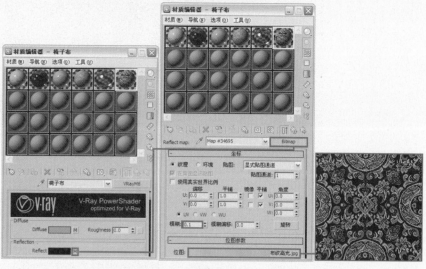

图3.83

21 返回VRayMtl材质层级，单击 Hilight glossiness （高光光泽度）右侧的贴图按钮，为其添加一个"位图"贴图，参数设置如图3.84所示。贴图文件为配套光盘中的"第3章\maps\布纹高光.jpg"文件。

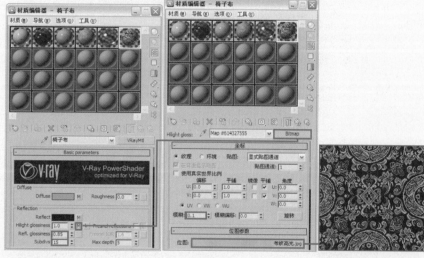

图3.84

22 返回VRayMtl材质层级，进入Maps（贴图）卷展栏，为Bump（凹凸）右侧的贴图通道按钮添加一个"位图"贴图，具体参数设置如图3.85所示。贴图文件为配套光盘中的"第3章\maps\BW-4-262.jpg"文件。

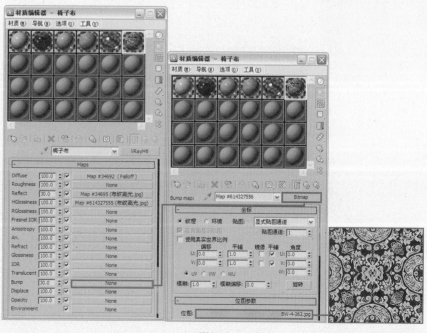

图3.85

23 将材质指定给物体"椅子布"，对摄影机视图进行渲染，局部效果如图3.86所示。

图3.86

24 下面设置胡桃木材质。按M键打开材质编辑器，从中选择一个空白材质球，将其设置为VRayMtl材质，并将其命名为"胡桃木"。单击Diffuse（漫反射）右侧的贴图按钮，为其添加一个"位图"贴图，参数设置如图3.87所示。贴图文件为配套光盘中的"第3章\maps\MW-4-25.jpg"文件。

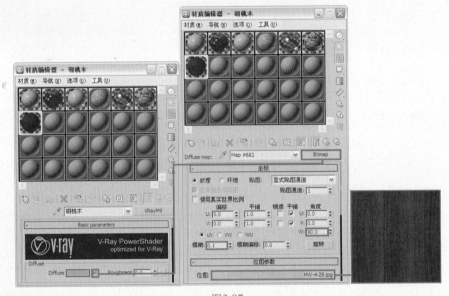

图3.87

25 返回VRayMtl材质层级，单击Reflect（反射）右侧的贴图按钮，为其添加一个"衰减"程序贴图，参数设置如图3.88所示。

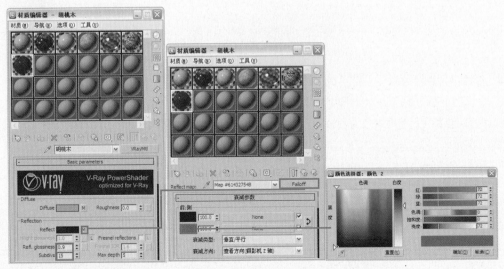

图3.88

26 返回VRayMtl材质层级，进入Maps卷展栏，把Diffuse（漫反射）右侧的贴图通道按钮拖曳到

Bump（凹凸）右侧的贴图通道按钮上，进行非关联复制操作，具体参数设置如图3.89所示。

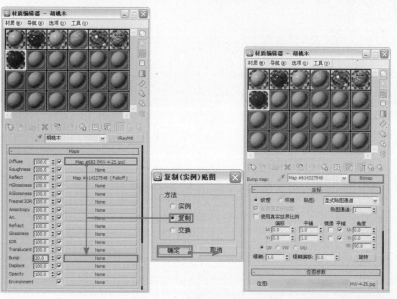

图3.89

27 将材质指定给物体"茶几"，对摄影机视图进行渲染，局部效果如图3.90所示。

图3.90

至此，场景的灯光测试和材质设置都已经完成，下面将对场景进行最终渲染设置。最终渲染设置将决定图像的最终渲染品质。

Work 3.5 最终渲染设置
VRay ART ZUI ZHONG XUAN RAN SHE ZHI
3ds Max 2010+VRay

3.5.1 最终测试灯光效果

场景中材质设置完毕后需要对场景进行渲染，观察此时场景整体的灯光效果。对摄影机视图进行渲染，效果如图3.91所示。

图3.91

观察渲染效果，场景光线稍微有点暗，调整一下曝光参数，设置如图3.92所示。再次对摄影机视图进行渲染，效果如图3.93所示。

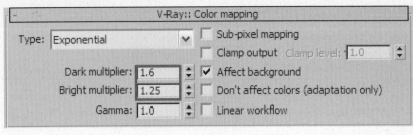

图3.92　　　　　　　　　　　　　　　　　　　　　　　　　　图3.93

观察渲染效果，场景光线不需要再调整，接下来设置最终渲染参数。

3.5.2　灯光细分参数设置

提高灯光细分值可以有效地减少场景中的杂点，但渲染速度也会相对降低，所以只需要提高一些开启阴影设置的主要灯光的细分值，但不能设置得过高。下面对场景中的主要灯光进行细分设置。

01 将模拟天光灯光的VRayLight的灯光细分值设置为20，如图3.94所示。

02 将模拟筒灯灯光的目标点光源的阴影细分值设置为16，如图3.95所示。

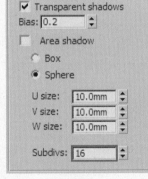

图3.94　　　　　　　　　　　　　图3.95

3.5.3　设置保存发光贴图和灯光贴图的渲染参数

在前一章中已经讲解过保存发光贴图和灯光贴图的方法，这里就不再重复，只对渲染级别设置进行讲解。

01 下面进行渲染级别设置。进入 `V-Ray:: Irradiance map` （发光贴图）卷展栏，设置参数如图3.96所示。

02 进入 `V-Ray:: Light cache` （灯光缓冲）卷展栏，设置参数如图3.97所示。

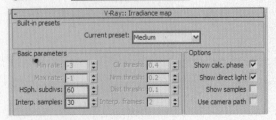

图3.96　　　　　　　　　　　　　　　　　　　　　　　图3.97

03 在 V-Ray:: DMC Sampler （准蒙特卡罗采样器）卷展栏中设置参数如图3.98所示，这是模糊采样设置。

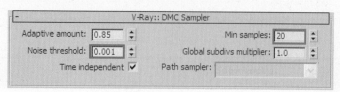

图3.98

渲染级别设置完毕，最后设置保存发光贴图和灯光贴图的参数并进行渲染即可。

3.5.4 最终成品渲染

最终成品渲染的参数设置如下。

01 当发光贴图和灯光贴图计算完毕后，在渲染设置对话框的"公用"选项卡中设置最终渲染图像的输出尺寸，如图3.99所示。

02 在 V-Ray:: Image sampler (Antialiasing) （图像采样）卷展栏中设置抗锯齿和过滤器，如图3.100所示。

图3.99　　　　　　　　　　　　　　　　　　　图3.100

03 最终渲染完成的效果如图3.101所示。

最后使用Photoshop软件对图像的亮度、对比度及饱和度进行调整，使效果更加生动、逼真。在前面章节中已经对后期处理的方法进行了讲解，这里就不再赘述。后期处理后的最终效果如图3.102所示。

图3.101　　　　　　　　　　　　　图3.102

3.6 本章附赠模型浏览

本章共附赠12款精美模型，以客厅类场景应用的模型居多，实际上这些模型不仅可以应用到客厅类场景，也可以应用到其他类场景中。

冰柜.max

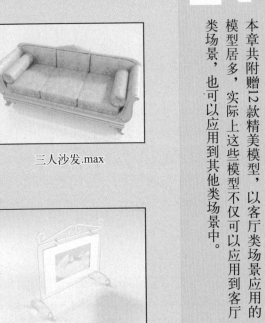

三人沙发.max

相框.max

茶几.max

饰品04.max

小圆桌.max

杂志.max

装饰品.max

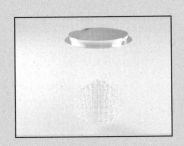

吊灯.max

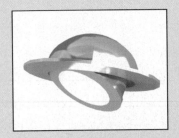

筒灯.maxx

羊头.max

装饰品1.max

3.7　简欧客厅案例赏析

欣赏优秀的案例作品，有利于快速提高自己的审美能力与设计水准，这一点对于效果图制作人员亦然。通过分析这些作品的视角、光线、质感与颜色搭配，就能够在这些方面提升自己的水平。

光盘\教学视频\第4章 中式卧室.swf

光盘\第4章\中式卧室源文件.max

光盘\第4章\中式卧室效果文件.max

光盘\第4章\单体模型素材（12款）

本章数据

场景模型：65M

单体模型：12款

欣赏场景：8张

学习视频：40分钟

第 **4** 章

清逸典雅的休息空间
——中式卧室空间表现

4.1 中式卧室设计概述

卧室是身体与心灵都能得到放松、休息的地方。卧室在功能上基本是以满足睡眠、更衣等生活需求为主的，在空间布置、家具、色彩和灯光等方面都要符合这些需求。设计卧室时关键应考虑让人感到舒适、轻松和温馨，应该充分利用空间，使整体看起来和谐一致，形式

图4.1

与功能完美统一，简洁明快。中式风格的装修一般是指明清以来逐步形成的中国传统风格的装修，这种风格最能体现中式的家居风范与传统文化的审美意蕴，如图4.1所示。

本案例中表现的中式卧室空间为了增加空间的厚实与深邃感，使用了大量的深色木质材质，着重表现中国传统的大气、稳重。本案例在家具陈设方面讲究对称、重视文化意蕴，配饰方面则使用了大量的字画、古玩、盆景及精致的工艺品，更显主人的品位与尊贵。

Work 4.2 中式卧室空间简介
VRay ART ZHONG SHI WO SHI KONG JIAN JIAN JIE

本章实例是一个中式风格的卧室空间。中国图案与中式家具的完美结合，加上白色布艺床单，把既定的中式风格进行了写意的发挥。

本场景中采用了室内光源的表现手法，案例效果如图4.2所示。

图4.2

如图4.3所示为卧室模型的线框效果图。

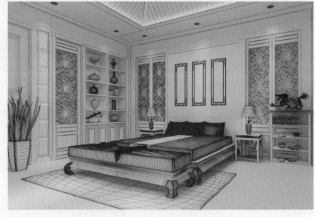

图4.3

下面首先进行测试渲染参数设置，然后进行灯光设置。

Work 4.3 测试渲染参数设置

3ds Max 2010+VRay

VRay ART CE SHI XUAN RAN CAN SHU SHE ZHI

打开配套光盘中的“第4章\中式卧室源文件.max”场景文件，如图4.4所示，可以看到这是一个已经创建好的卧室场景模型，并且场景中摄影机已经创建好了。

下面首先进行测试渲染参数设置，然后进行灯光布置。灯光布置主要包括室内光源的建立。

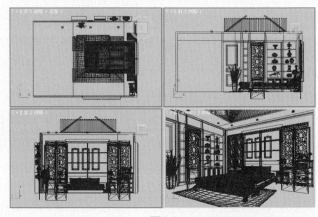

图4.4

4.3.1 设置测试渲染参数

测试渲染参数的设置步骤如下。

01 按F10键打开渲染设置对话框，渲染器已经设置为V-Ray Adv 1.50.SP4渲染器，在 公用参数 卷展栏中设置较小的图像尺寸，如图4.5所示。

02 进入V-Ray选项卡，在 V-Ray:: Global switches （全局开关）卷展栏中的参数设置如图4.6所示。

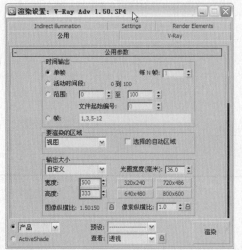

图4.5

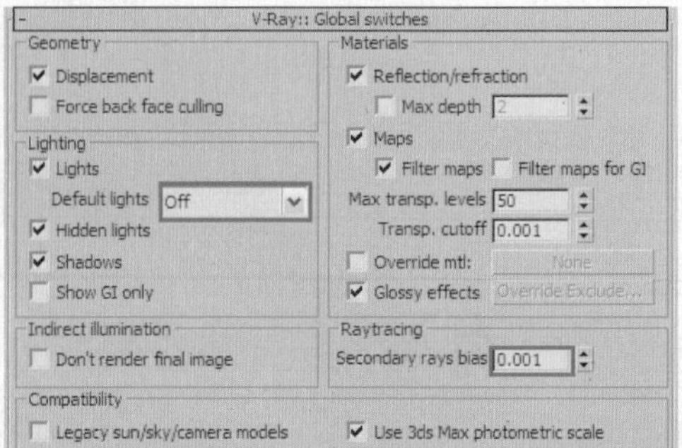

图4.6

03 进入 V-Ray:: Image sampler (Antialiasing) （图像采样）卷展栏中，参数设置如图4.7所示。

图4.7

04 进入到 V-Ray:: Indirect illumination (GI) （间接照明）选项卡中，在其中设置参数，如图4.8所示。

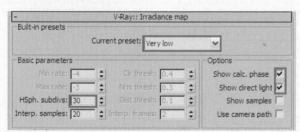

图4.8

05 在 V-Ray:: Irradiance map （发光贴图）卷展栏中设置参数，如图4.9所示。

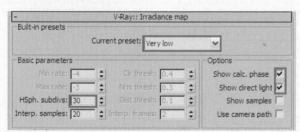

图4.9

06 在 V-Ray:: Light cache （灯光缓存）卷展栏中设置参数，如图4.10所示。

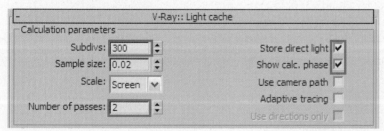

图4.10

Note 提示 4 预设测试渲染参数是根据自己的经验和电脑本身的硬件配置得到的一个相对低的渲染设置，以上内容仅供参考，读者也可以自己尝试一些其他的参数设置。

本章材质快速浏览

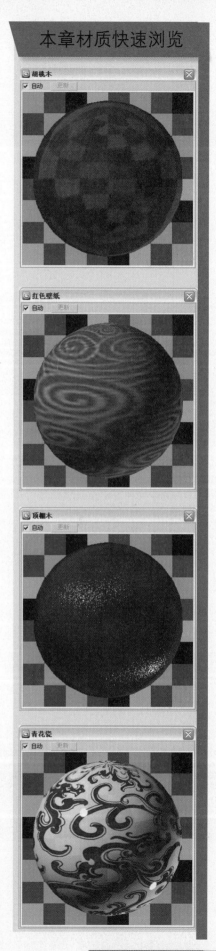

胡桃木

红色壁纸

顶棚木

青花瓷

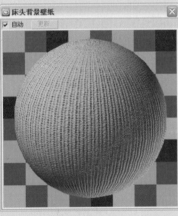

4.3.2 布置场景灯光

本场景光线来源主要为室内光源，在为场景创建灯光前，首先用一种白色材质覆盖场景中的所有物体，这样便于观察灯光对场景的影响。

01 按M键打开材质编辑器对话框，选择一个空白材质球，单击其 Standard （标准）按钮，在弹出的"材质/贴图浏览器"对话框中选择 VRayMtl 材质，将材质命名为"替换材质"，具体参数设置如图4.11所示。

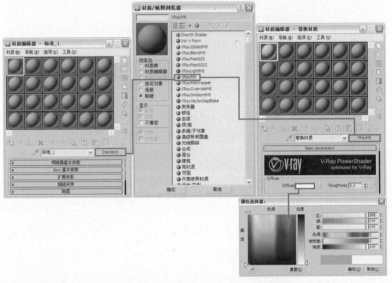

图4.11

02 按F10键打开渲染设置对话框，进入V-Ray选项卡，在 V-Ray:: Global switches （全局开关）卷展栏中，勾选 Override mtl（覆盖材质）前的复选框，然后进入材质编辑器对话框中，将替换材质的材质球拖曳到Override mtl右侧的贴图按钮上，并以实例方式进行关联复制，具体参数设置如图4.12所示。

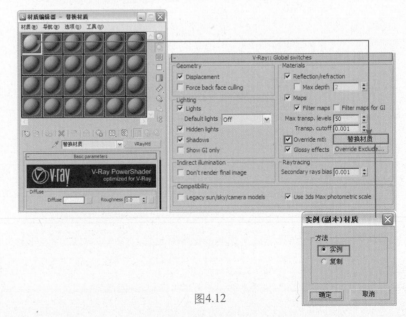

图4.12

03 首先创建顶棚处的筒灯灯光。单击 (创建) 按钮进入创建命令面板，单击 (灯光) 按钮，在打开面板的下拉列表框中选择"光度学"选项，然后在"对象类型"卷展栏中单击 目标灯光 按钮，在如图4.13所示位置创建一盏目标灯光来模拟室内的筒灯灯光效果。

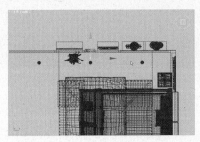

图4.13

04 进入修改命令面板对创建的目标灯光参数进行设置，如图4.14所示。光域网文件为配套光盘中的"第4章\maps\14.IES"文件。

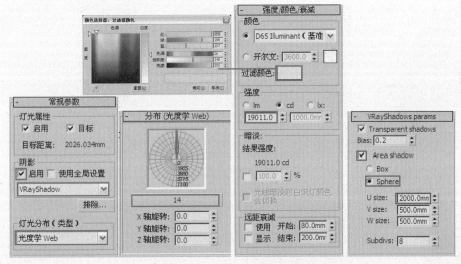

图4.14

05 在视图中，将刚刚创建的用来模拟筒灯灯光的目标灯光关联复制出9盏，各个灯光位置如图4.15所示。对摄影机视图进行渲染，此时的灯光效果如图4.16所示。

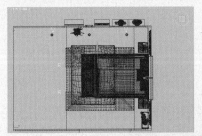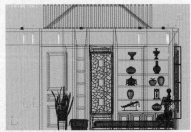

图4.15

图4.16

06 下面为场景创建暗藏灯光。在顶棚处创建一盏VRayLight灯光，灯光位置如图4.17所示。

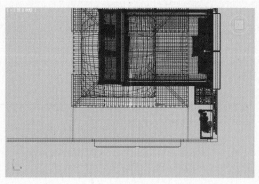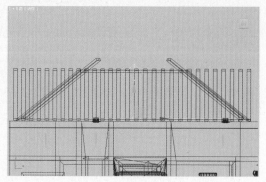

图4.17

07 灯光参数设置如图4.18所示。

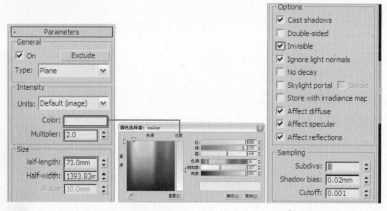

图4.18

08 在视图中选择刚刚创建的暗藏灯光VRayLight，将其关联复制出3盏，灯光位置如图4.19所示。

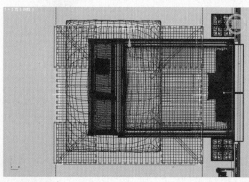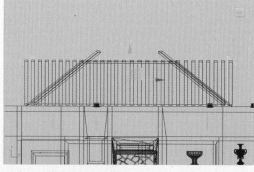

图4.19

09 对摄影机视图进行渲染，此时的灯光效果如图4.20所示。

图4.20

VRay超写实室内效果图渲染技术全解

10 下面为场景创建吊灯灯光。在如图4.21所示位置创建一盏VRayLight灯光，灯光参数设置如图4.22所示。

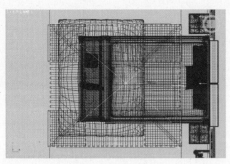

图4.21

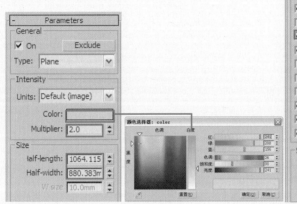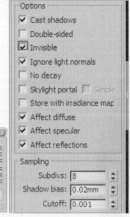

图4.22

11 对摄影机视图进行渲染，此时的灯光效果如图4.23所示。

图4.23

12 从渲染效果中可以发现场景由于室内灯光的照明曝光严重，下面通过调整场景曝光参数来降低场景亮度。按F10键打开渲染设置对话框，进入V-Ray选项卡，在 V-Ray:: Color mapping （色彩贴图）卷展栏中进行曝光控制，参数设置如图4.24所示。再次渲染，效果如图4.25所示。

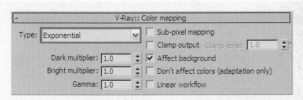

图4.24   图4.25

观察渲染结果，可发现场景亮度问题已经解决。

13 下面为场景创建台灯灯光。在如图4.26所示位置创建一盏VRayLight球形光灯光，灯光参数设置如图4.27所示。

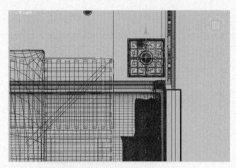

图4.26

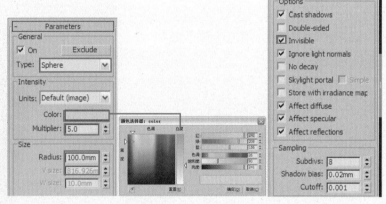

图4.27

14 在视图中选择刚刚创建的台灯灯光VRayLight球形光，将其关联复制出1盏，灯光位置如图4.28所示。

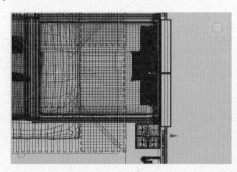

图4.28

15 对摄影机视图进行渲染，此时的灯光效果如图4.29所示。

图4.29

上面已经对场景中的灯光进行了布置，最终测试结果比较满意，测试完灯光效果后，下面进行材质设置。

Work 4.4 设置场景材质

VRay ART　SHE ZHI CHANG JING CAI ZHI　3ds Max 2010+VRay

中式卧室场景的材质是比较丰富的，主要集中在木质、布料及瓷器等材质的设置上，如何很好地表现这些材质的效果是表现的重点与难点。

Note 提示 4 ▶ 在制作模型的时候必须清楚物体材质的区别，将同一种材质的物体执行成组或塌陷操作，这样可以在赋予物体材质的时候更方便。

01 在设置场景材质前，首先要取消前面对场景物体的材质替换状态。按F10键打开渲染设置对话框，在 `V-Ray:: Global switches`（全局开关）卷展栏中，取消Override mtl（覆盖材质）前的复选框的勾选状态，如图4.30所示。

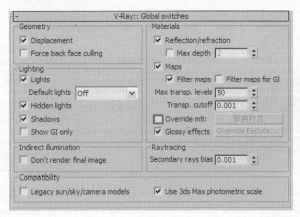

图4.30

02 首先设置木地板材质。按M键打开材质编辑器，从中选择一个空白材质球，将其设置为VRayMtl材质，并将其命名为"木地板"。单击Diffuse（漫反射）右侧的贴图按钮，为其添加一个"位图"贴图，参数设置如图4.31所示。贴图文件为配套光盘中的"第4章\maps\48443585副本.jpg"文件。

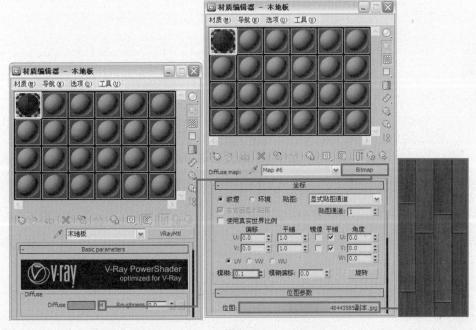

图4.31

03 返回VRayMtl材质层级，单击
Reflect（反射）右侧的贴图按钮，
为其添加一个"衰减"程序贴图，
具体参数设置如图4.32所示。

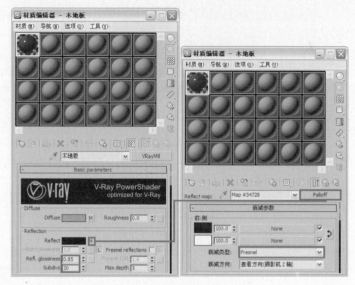

图4.32

04 返回VRayMtl材质层级，进入Maps卷展栏，把Diffuse（漫反射）右侧的贴图通道按钮拖曳到
Bump（凹凸）右侧的贴图通道按钮上进行非关联复制，具体参数设置如图4.33所示。

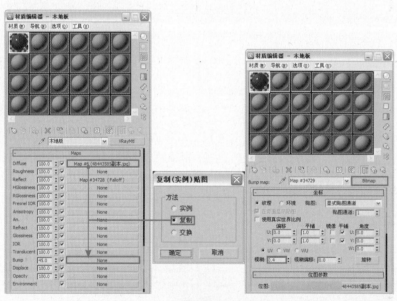

图4.33

05 将设置好的地板材质指定给物体
"地面"，然后对摄影机视图进
行渲染，地面局部效果如图4.34
所示。

图4.34

Note 提示 4 ▶ 场景中部分物体材质已经事先设置好，这里仅对场景中的主要材质进行讲解。

06 下面设置床头背景壁纸材质。按M键打开材质编辑器，从中选择一个空白的材质球，将其设置
为VRayMtl材质，并将其命名为"床头背景壁纸"，单击Diffuse（漫反射）右侧的贴图按钮，

为其添加一个"位图"贴图，参数设置如图4.35所示。贴图文件为配套光盘中的"第4章\maps\壁纸01.jpg"文件。

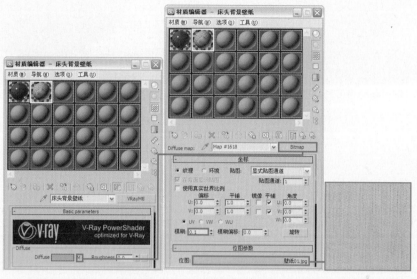

图4.35

07 返回VRayMtl材质层级，进入Maps（贴图）卷展栏，把Diffuse（漫反射）右侧的贴图通道按钮拖曳到Bump（凹凸）右侧的贴图通道按钮上进行非关联复制，具体参数设置如图4.36所示。

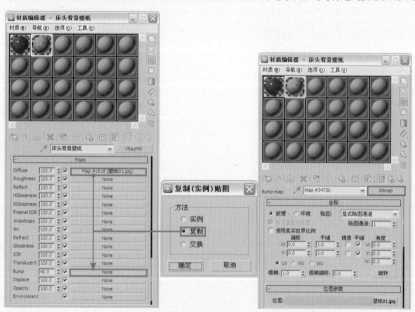

图4.36

08 将材质指定给物体"床头背景"，对摄影机视图进行渲染，局部效果如图4.37所示。

图4.37

09 下面开始设置地毯材质。选择一个空白材质球，将材质设置为VRayMtl材质，并将其命名为"地毯"，单击Diffuse（漫反射）右侧的贴图按钮，为其添加一个"位图"贴图，参数设置如图4.38所示。贴图文件为配套光盘中的"第4章\maps\DT8.TIF"文件。

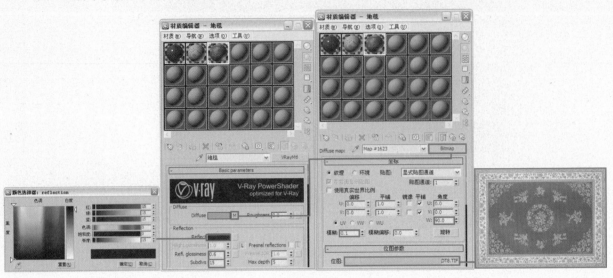

图4.38

10 返回VRayMtl材质层级，进入Maps（贴图）卷展栏，把Diffuse（漫反射）右侧的贴图通道按钮拖曳到Bump（凹凸）右侧的贴图通道按钮上进行非关联复制，具体参数设置如图4.39所示。

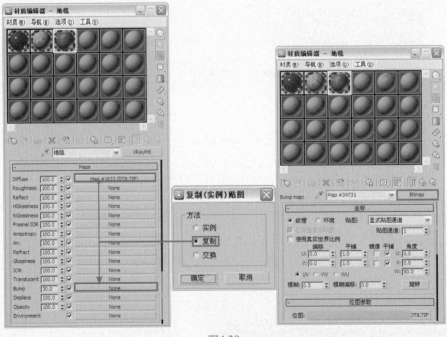

图4.39

11 将制作好的沙发布材质指定给物体"地毯"，对摄影机视图进行渲染，局部效果如图4.40所示。

图4.40

12 下面设置红木材质。按M键打开材质编辑器，从中选中一个空白材质球，将其设置为VRayMtl材质，并将其命名为"红木"，单击Diffuse（漫反射）右侧的颜色色块，参数设置如图4.41所示。

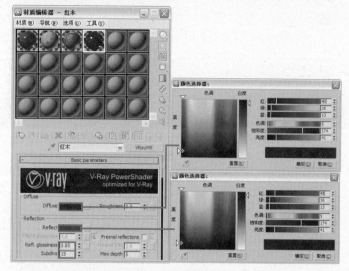

图4.41

13 返回VRayMtl材质层级，进入Maps（贴图）卷展栏，在Bump（凹凸）右侧的贴图通道按钮上添加一个"位图"贴图，具体参数设置如图4.42所示。贴图文件为配套光盘中的"第4章\maps\wood_46_bump.jpg"文件。

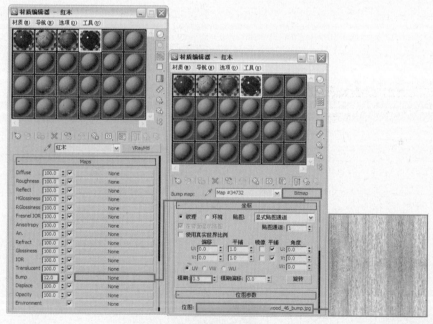

图4.42

14 将材质指定给物体"红木家具"，对摄影机视图进行渲染，局部效果如图4.43所示。

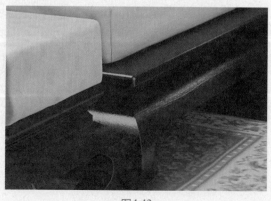

图4.43

15 下面设置胡桃木材质。按M键打开材质编辑器，从中选择一个空白材质球，将其设置为VRayMtl材质，并将其命名为"胡桃木"，单击Diffuse（漫反射）右侧的贴图按钮，为其添加一个"位图"贴图，参数设置如图4.44所示。贴图文件为配套光盘中的"第4章\maps\胡桃木.jpg"文件。

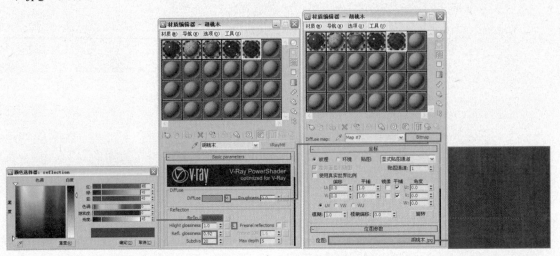

图4.44

16 将材质指定给物体"木质造型"，对摄影机视图进行渲染，局部效果如图4.45所示。

图4.45

17 下面设置红色壁纸材质。按M键打开材质编辑器，从中选择一个空白材质球，将其设置为VRayMtl材质，并将其命名为"红色壁纸"，单击Diffuse（漫反射）右侧的贴图按钮，为其添加一个"位图"贴图，参数设置如图4.46所示。贴图文件为配套光盘中的"第4章\maps\云纹图案55.jpg"文件。

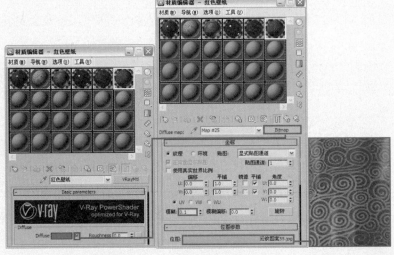

图4.46

18 返回VRayMtl材质层级，进入Maps（贴图）卷展栏，把Diffuse（漫反射）右侧的贴图通道按钮拖曳到Bump（凹凸）右侧的贴图通道按钮上进行非关联复制，具体参数设置如图4.47所示。

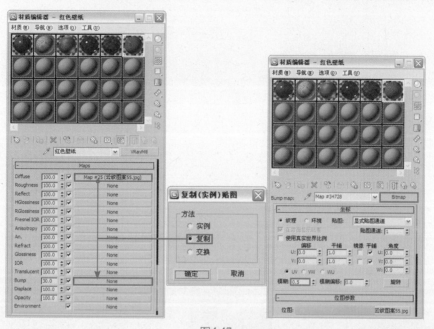

图4.47

19 将材质指定给物体"红色壁纸"，对摄影机视图进行渲染，局部效果如图4.48所示。

图4.48

20 下面设置顶棚木材质。按M键打开材质编辑器，从中选择一个空白材质球，将其设置为VRayMtl材质，并将其命名为"顶棚木"，单击Diffuse（漫反射）右侧的颜色色块，参数设置如图4.49所示。

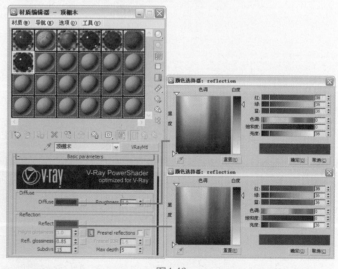

图4.49

21 返回VRayMtl材质层级，进入Maps（贴图）卷展栏，为Bump（凹凸）右侧的贴图通道按钮添加一个"位图"贴图，具体参数设置如图4.50所示。贴图文件为配套光盘中的"第4章\maps\wood_46_bump.jpg"文件。

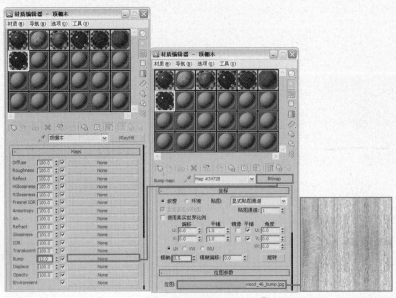

图4.50

22 将材质指定给物体"顶棚",对摄影机视图进行渲染,局部效果如图4.51所示。

图4.51

至此,场景的灯光测试和材质设置都已经完成,下面将对场景进行最终渲染设置。最终渲染设置将决定图像的最终渲染品质。

Work 4.5 最终渲染设置
VRay ART ZUI ZHON XUAN RAN SHE ZHI
3ds Max 2010+VRay

4.5.1 最终测试灯光效果

场景中材质设置完毕后需要对场景进行渲染,观察此时场景整体的灯光效果。对摄影机视图进行渲染,效果如图4.52所示。

图4.52

观察渲染效果，场景光线稍微有点暗，调整一下曝光参数，设置如图4.53所示。再次对摄影机视图进行渲染，效果如图4.54所示。

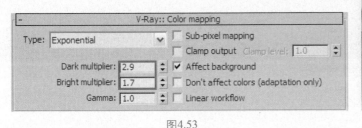

图4.53　　　　　　　　　　　　　　　　　　　图4.54

观察渲染效果，场景光线不需要再调整，接下来设置最终渲染参数。

4.5.2　灯光细分参数设置

提高灯光细分值可以有效地减少场景中的杂点，但渲染速度也会相对降低，所以只需要提高一些开启阴影设置的主要灯光的细分值，而且不能设置得过高。下面对场景中的主要灯光进行细分设置。

01 将室内模拟筒灯灯光的目标灯光的阴影细分值设置为30，如图4.55所示。

02 将室内模拟吊灯灯光的VRayLight的灯光细分值设置为24，如图4.56所示。

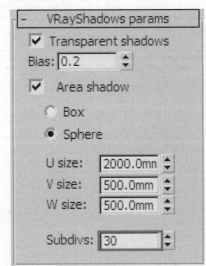

图4.55　　　　　　　　　　　　　　　　　　　图4.56

4.5.3　设置保存发光贴图和灯光贴图的渲染参数

在前面章节中已经讲解过保存发光贴图和灯光贴图的方法，这里就不再重复，只对渲染级别的设置进行讲解。

01 下面进行渲染级别设置。进入 V-Ray:: Irradiance map （发光贴图）卷展栏，设置参数如图4.57所示。

02 进入 V-Ray:: Light cache （灯光缓存）卷展栏，设置参数如图4.58所示。

图4.57　　　　　　　　　　　　　　　　　　　图4.58

03 在 V-Ray:: DMC Sampler （准蒙特卡罗采样器）卷展栏中设置参数如图4.59所示，这是模糊采样设置。

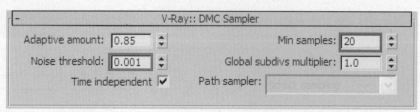

图4.59

渲染级别设置完毕，最后设置保存发光贴图和灯光贴图的参数并进行渲染即可。

4.5.4 最终成品渲染

最终成品渲染的参数设置如下。

01 当发光贴图和灯光贴图计算完毕后，在渲染设置对话框的"公用"选项卡中设置最终渲染图像的输出尺寸，如图4.60所示。

02 在 V-Ray:: Image sampler (Antialiasing) （图像采样）卷展栏中设置抗锯齿和过滤器，如图4.61所示。

图4.60

图4.61

03 最终渲染完成的效果如图4.62所示。

最后使用Photoshop软件对图像的亮度、对比度及饱和度进行调整，使效果更加生动、逼真。在前面章节中已经对后期处理的方法进行了讲解，这里就不再赘述。后期处理后的最终效果如图4.63所示。

图4.62

图4.63

本章附赠模型浏览

本章共附赠12款精美模型，以卧室类场景应用的模型居多，实际上这些三模型不仅可以应用到卧室类场景，也可以应用到客厅或餐厅类场景中。

台灯1.max

台灯.max

布制品.max

茶具.max

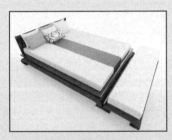

床.max

条案.max

瓷器.max

花几.max

木凳.max

植物.max

装饰画.max

装饰瓶.max

4.7 中式卧室案例赏析

欣赏优秀的案例作品，有利于快速提高自己的审美能力与设计水准，这一点对于效果图制作人员亦然。通过分析这些作品的视角、光线、质感与颜色搭配，就能够在这些方面提升自己的水平。

光盘\教学视频\第5章 田园风格客餐厅.swf

光盘\第5章\田园风格客餐厅源文件.max

光盘\第5章\田园风格客餐厅效果文件.max

光盘\第5章\单体模型素材（12款）

本章数据

场景模型：30M

单体模型：12款

欣赏场景：8张

学习视频：45分钟

第 **5** 章

纯朴的乡村风情
——田园风格客餐厅空间表现

图5.1

5.1 田园风格客餐厅设计概述

在快节奏的社会生活中，人们长期生活在"冷漠"的水泥建筑中，非常渴望自己的心灵能够得到大自然的抚慰，于是就有了田园风格，这种风格十分符合人们的心理需求，备受喜爱，如图5.1所示。

本章案例中所表现的客餐厅空间使用了大量不加修饰的自然材料，原木家具、原木吊顶、石材地面和清水混凝土的装饰墙，配上绿色的植物和木栅栏，在室内环境中力求表现一种悠闲、舒适和自然的田园生活情趣。运用木材、砖石等天然材料，现实材料的纹理，清新淡雅，创造出一种自然、简朴的氛围。

Work 5.2 田园风格客餐厅空间简介 3ds Max 2010+VRay
VRay ART TIAN YUAN FENG GE KE CAN TING KONG JIAN JIAN JIE

本章实例是一个田园风格的客餐厅空间，不加修饰的自然材料的大量运用，让人置身其中仿佛有种回归大自然的感觉。

本场景中采用了日光的表现手法，案例效果如图5.2所示。

图5.2

如图5.3所示为客餐厅模型的线框效果图。

如图5.4所示为客餐厅场景的其他角度渲染效果。

图5.3

图5.4

下面首先进行测试渲染参数设置，然后进行灯光设置。

Work 5.3 测试渲染参数设置
VRay ART CE SHI XUAN RAN CAN SHU SHE ZHI 3ds Max 2010+VRay

打开本书配套光盘中的"第5章\田园风格客餐厅源文件.max"场景文件，如图5.5所示，可以看到这是一个已经创建好的客餐厅场景模型，并且场景中摄影机已经创建好了。

下面首先进行测试渲染参数设置，然后进行灯光布置。灯光布置包括室外天光和室内光源的建立。

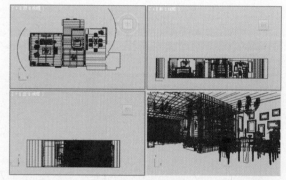

图5.5

5.3.1 设置测试渲染参数

测试渲染参数的设置步骤如下。

01 按F10键打开渲染设置对话框，渲染器已经设置为V-Ray Adv 1.50.SP4渲染器，在 公用参数 卷展栏中设置较小的图像尺寸，如图5.6所示。

图5.6

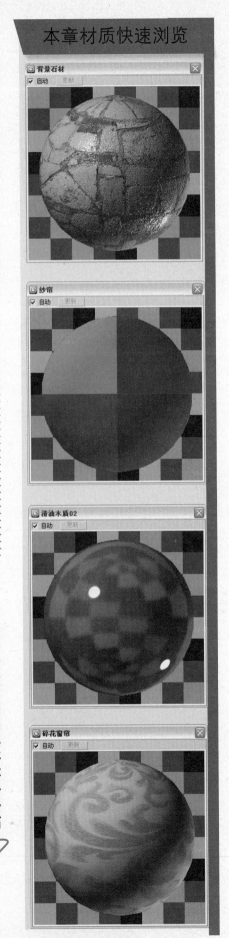

本章材质快速浏览

背景石材

纱窗

清油木质02

碎花窗帘

VRay超写实室内效果图渲染技术全解

02 进入V-Ray选项卡，在 V-Ray:: Global switches （全局开关）卷展栏中进行参数设置，如图5.7所示。

图5.7

03 进入 V-Ray:: Image sampler (Antialiasing) （图像采样）卷展栏中，参数设置如图5.8所示。

图5.8

04 下面对环境光进行设置。打开 V-Ray:: Environment （环境）卷展栏，在GI Environment (skylight) override（环境天光覆盖）组中勾选On复选框，具体参数设置如图5.9所示。

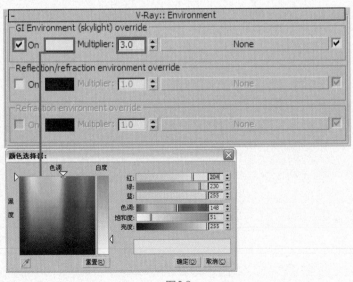

图5.9

05 进入到Indirect illumination（间接照明）选项卡中，在 `V-Ray:: Indirect illumination (GI)` （间接照明）卷展栏中设置参数，如图5.10所示。

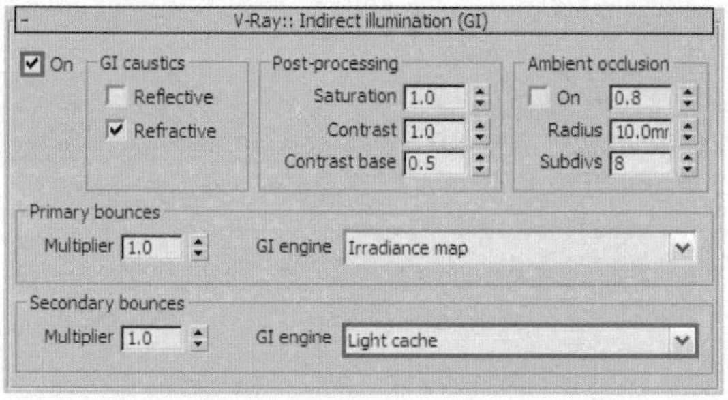

图5.10

06 在 `V-Ray:: Irradiance map` （发光贴图）卷展栏中设置参数，如图5.11所示。

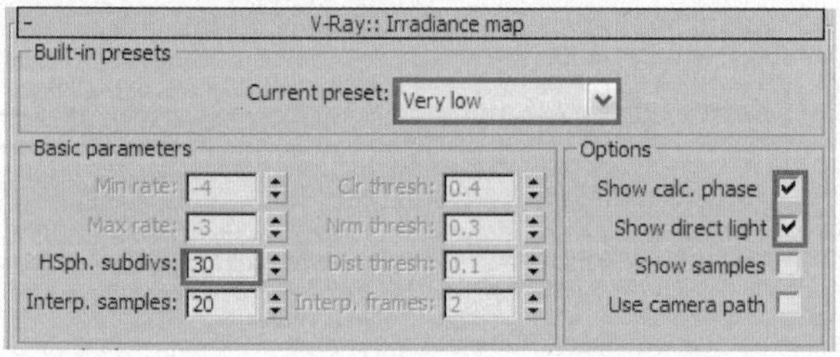

图5.11

07 在 `V-Ray:: Light cache` （灯光缓存）卷展栏中设置参数，如图5.12所示。

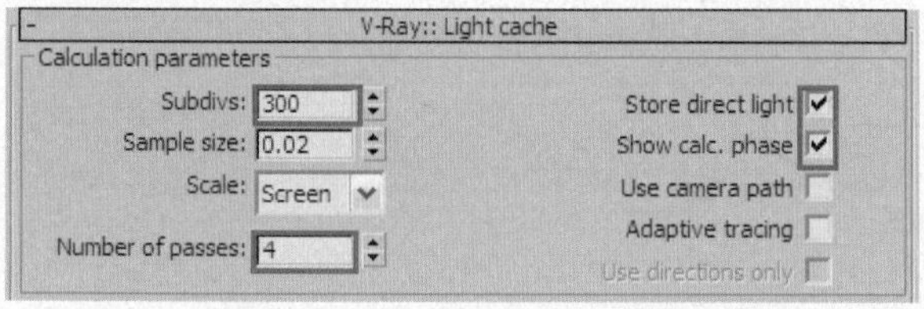

图5.12

Note 提示 5 预设测试渲染参数是根据自己的经验和电脑本身的硬件配置得到的一个相对低的渲染设置，读者在这里可以进行参考，也可以自己尝试一些其他的参数设置。

5.3.2 布置场景灯光

本场景光线的来源主要为室外天光和室内灯光，在为场景创建灯光前，首先用一种白色材质覆盖场景中的所有物体，这样便于观察灯光对场景的影响。

01 按M键打开材质编辑器对话框，选择一个空白材质球，单击其 `Standard` （标准）按钮，在弹出的"材质/贴图浏览器"对话框中选择 VRayMtl 材质，将材质命名为"替换材质"，具体参数设置如图5.13所示。

本章材质快速浏览

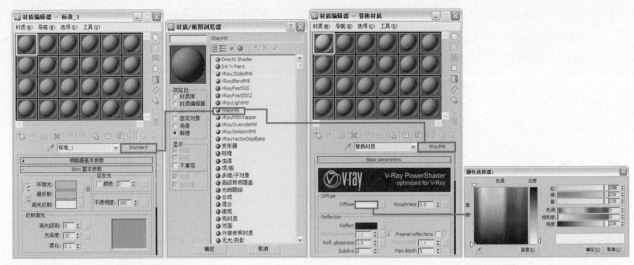

图5.13

02 按F10键打开渲染设置对话框,进入V-Ray选项卡,在 V-Ray:: Global switches （全局开关）卷展栏中,勾选Override mtl（覆盖材质）前的复选框,然后进入材质编辑器对话框中,将替换材质的材质球拖曳到Override mtl右侧的None（无）贴图通道按钮上,并以实例方式进行关联复制,具体参数设置如图5.14所示。

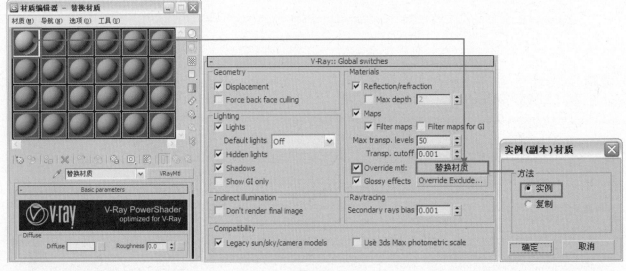

图5.14

03 首先创建室外部分的天光。单击 （创建）按钮进入创建命令面板,再单击 （灯光）按钮,在打开面板的下拉列表框中选择VRay选项,然后在"对象类型"卷展栏中单击 VRayLight 按钮,在场景的窗外部分创建一盏VRayLight灯光,如图5.15所示。灯光参数设置如图5.16所示。

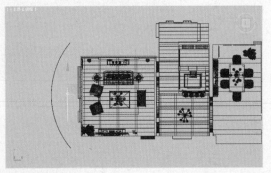
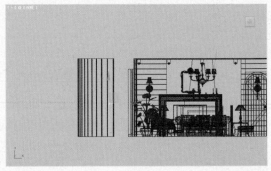

图5.15

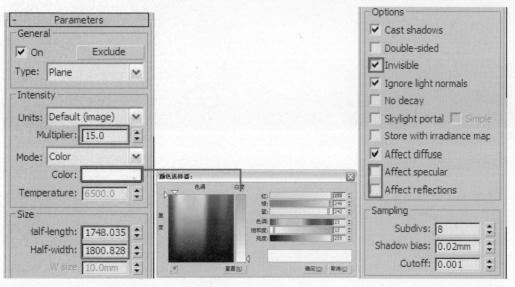

图5.16

04 在顶视图中，将刚刚创建好的用来模拟室外天光的VRayLight灯光向靠近窗口的位置复制出一盏灯光，灯光位置如图5.17所示。对复制出来的灯光的参数进行适当的修改，如图5.18所示。

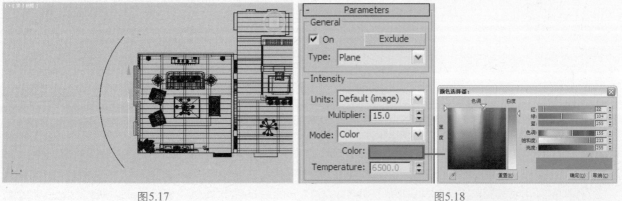

图5.17　　　　　　　　　　　　　　　　图5.18

05 下面对摄影机视图进行渲染，在渲染前先将场景中的物体"纱帘"隐藏，因为场景中所有物体的材质都已经被替换为一种白色的材质，所以原本应该透明的纱帘材质也一样被替换为不透明的白色材质了，在灯光测试阶段先将其隐藏以观察正确的灯光效果，渲染效果如图5.19所示。

图5.19

06 继续创建室外的天光。在视图中，选中刚刚创建好的两盏用来模拟室外天光的VRayLight灯光，然后将它们复制出一组到场景中另外一个窗口的位置上，如图5.20所示。修改复制出来的灯光的参数，如图5.21所示。

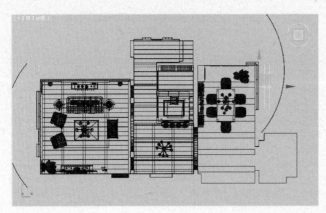

图5.20   图5.21

07 再次对摄影机视图进行渲染，此时场景
灯光效果如图5.22所示。

图5.22

08 室外的天光创建完毕，下面开始创建室外的日光。单击 ☀ （创建）按钮进入创建命令面板，再
单击 💡 （灯光）按钮，在打开面板的下拉列表框中选择VRay选项，然后在"对象类型"卷展栏
中单击 VRaySun （VRay阳光）按钮，在场景的窗外部分创建一盏VRaySun灯光，如图5.23
所示。

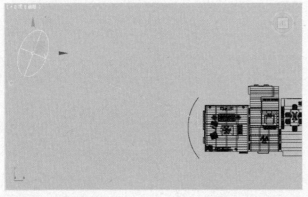

图5.23

Note
提示 **5** ▶ 在创建VRaySun灯光的时候，视口中会弹出一个"V-Ray Sun"的提示对话框，这时我们单击其中
的"否"按钮就可以了。

09 进入修改命令面板对创建的VRaySun灯光参数进行设置，将场景中的物体"外景"从灯光的影
响中排除，如图5.24所示。

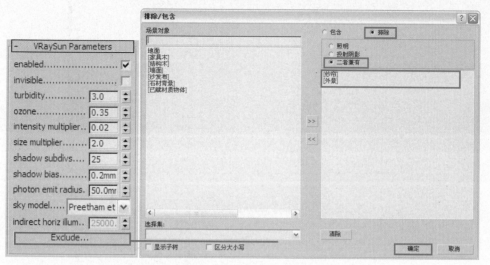

图5.24

10 再次对摄影机视图进行渲染,此时的场景灯光效果如图5.25所示。

图5.25

11 从渲染效果中可以发现场景由于室外日光的照射局部曝光严重,下面通过调整场景曝光参数来降低场景亮度。按F10键打开渲染设置对话框,进入V-Ray选项卡,在 V-Ray:: Color mapping (色彩贴图)卷展栏中进行曝光控制,参数设置如图5.26所示。再次渲染,效果如图5.27所示。

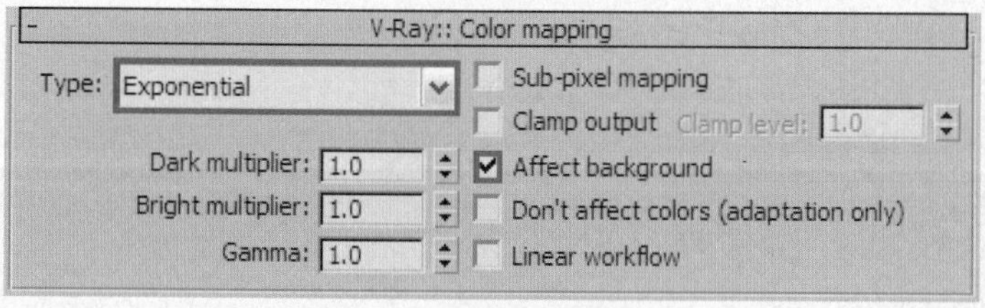

图5.26

图5.27

12 室外的灯光创建完毕,下面开始创建室内部分的灯光,首先来创建顶部筒灯的灯光。单击 (创建)按钮进入创建命令面板,单击 (灯光)按钮,在打开面板的下拉列表框中选择"光度学"选项,然后在"对象类型"卷展栏中单击 目标灯光 按钮,在如图5.28所示位置创建一盏目标灯光来模拟吊灯灯光。

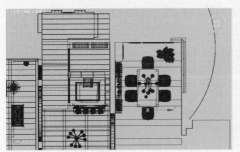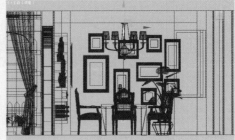

图5.28

13 进入修改命令面板对创建的目标灯光参数进行设置，如图5.29所示。光域网文件为配套光盘中的"第5章\maps\8.ies"文件。

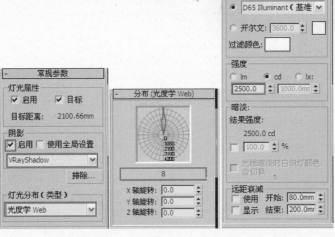

图5.29

14 在顶视图中，将刚刚创建的用来模拟筒灯灯光的目标灯光关联复制出12盏，各个灯光的位置如图5.30所示。对摄影机视图进行渲染，此时的灯光效果如图5.31所示。

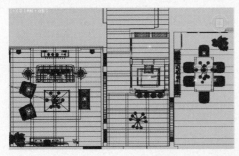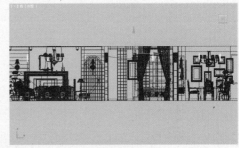

图5.30

图5.31

15 下面继续创建顶部的筒灯灯光。在如图5.32所示位置创建一盏目标灯光，灯光参数设置如图5.33所示。光域网文件为配套光盘中的"第5章\maps\20.IES"文件。

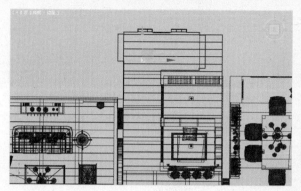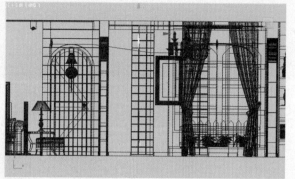

图5.32

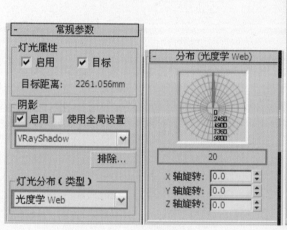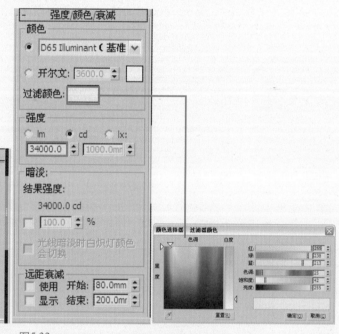

图5.33

16 在顶视图中，将刚刚创建的用来模拟筒灯灯光的目标灯光关联复制出4盏，各个灯光的位置如图5.34所示。对摄影机视图进行渲染，此时的灯光效果如图5.35所示。

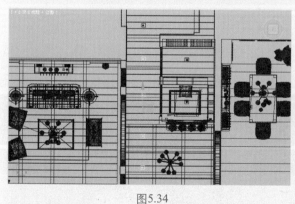

图5.34　　　　　　　　　　　　　　　　　　图5.35

17 下面开始创建壁灯灯光。在场景中壁灯模型的位置创建一盏VRayLight球形灯光，位置如图5.36所示。灯光参数设置如图5.37所示。

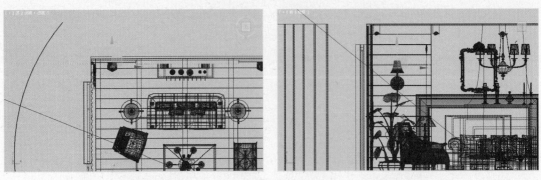

图5.36

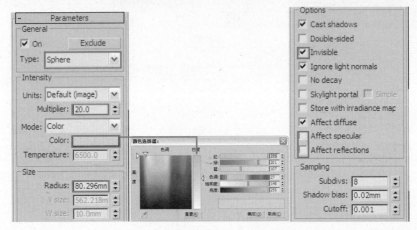

图5.37

🔲 **18** 在顶视图中，将刚刚创建好的用来模拟壁灯灯光的VRayLight球形灯光关联复制出1盏到另外一个壁灯模型的位置上，如图5.38所示。对摄影机视图进行渲染，效果如图5.39所示。

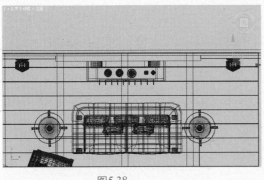

图5.38

图5.39

🔲 **19** 最后为场景创建几盏补光灯光。在场景中电视的前方创建一盏VRayLight灯光，位置如图5.40所示，具体参数设置如图5.41所示。

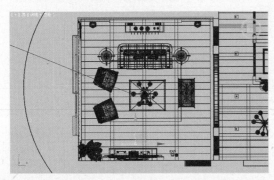

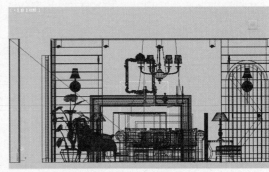

图5.40

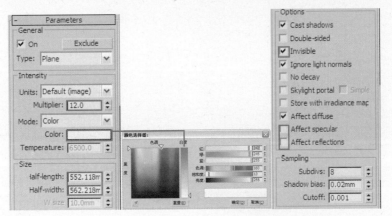

图5.41

20 对摄影机视图进行渲染，此时的灯光效果如图5.42所示。

图5.42

21 继续创建室内的补光灯光。在如图5.43所示位置创建一盏VRayLight灯光，灯光参数设置如图5.44所示。

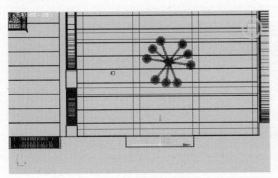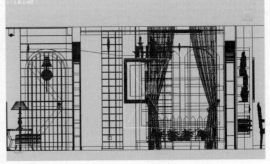

图5.43

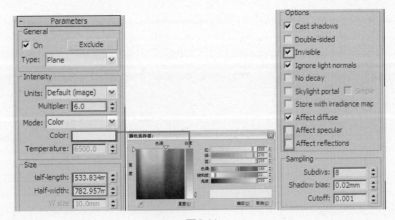

图5.44

22 在视图中选中刚刚创建的VRayLight灯光，将其关联复制出1盏到如图5.45所示位置上，并适当地缩放调整其大小。

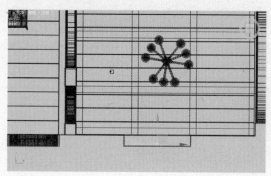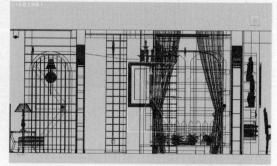

图5.45

23 对摄影机视图进行渲染，此时的灯光效果如图5.46所示。

图5.46

上面已经对场景的灯光进行了布置，最终测试结果比较满意，测试完灯光效果后，下面进行材质设置。

Work 5.4 设置场景材质
VRay ART SHE ZHI CHANG JING CAI ZHI
3ds Max 2010+VRay

现代客餐厅场景的材质是比较丰富的，主要集中在地面瓷砖、墙面涂料及布料等材质设置上，如何很好地表现这些材质的效果是设置的重点与难点。

Note 提示 5 ▶ 在制作模型的时候必须清楚物体材质的区别，将同一种材质的物体进行成组或塌陷操作，可以在赋予物体材质的时候更方便。

01 在设置场景材质前，首先要取消前面对场景物体的材质替换状态。按F10键打开渲染设置对话框，在 V-Ray:: Global switches （全局开关）卷展栏中，取消Override mtl（覆盖材质）前的复选框的勾选状态，如图5.47所示。

图5.47

VRay超写实室内效果图渲染技术全解

02 首先设置地面部分的瓷砖材质。按M键打开材质编辑器，从中选择一个空白材质球，将其设置为VRayMtl材质，并将其命名为"地面瓷砖"，单击Diffuse（漫反射）右侧的贴图按钮，为其添加一个"位图"贴图，具体参数设置如图5.48所示。贴图文件为配套光盘中的"第5章\maps\1115910854.jpg"文件。

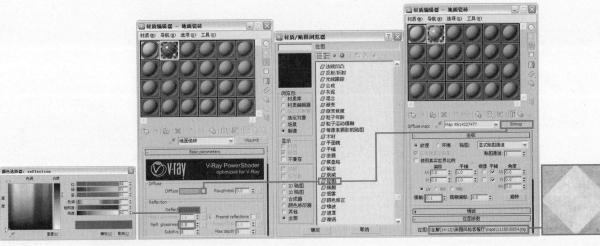

图5.48

03 将设置好的地砖材质指定给物体"地面"，将之前隐藏的物体全部恢复显示，然后对摄影机视图进行渲染，地面局部效果如图5.49所示。

图5.49

Note 提示 5 场景中部分物体材质已经事先设置好，这里仅对场景中的主要材质进行讲解。

04 下面开始设置墙面部分的黄色涂料材质。选择一个空白材质球，将材质设置为VRayMtl材质，并将其命名为"墙面"，具体参数设置如图5.50所示。

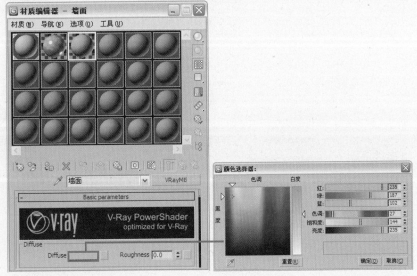

图5.50

05 下面进入到"墙面"材质的 Maps （贴图）卷展栏中，为Bump（凹凸）贴图通道添加一个"噪波"程序贴图，具体参数设置如图5.51所示。

06 将设置好的墙面材质指定给场景中的物体"墙面"，对摄影机视图进行渲染，墙面局部效果如图5.52所示。

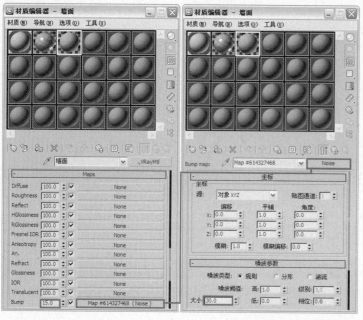

图5.51　　　　　　　　　　　　　　　　　　　　图5.52

07 下面开始设置沙发背景墙部分的石材材质。选择一个空白材质球，将材质设置为VRayMtl材质，将其命名为"背景石材"，单击Diffuse（漫反射）右侧的贴图按钮，为其添加一个"位图"贴图，参数设置如图5.53所示。贴图文件为配套光盘中的"第5章\maps\hungary015.jpg"文件。

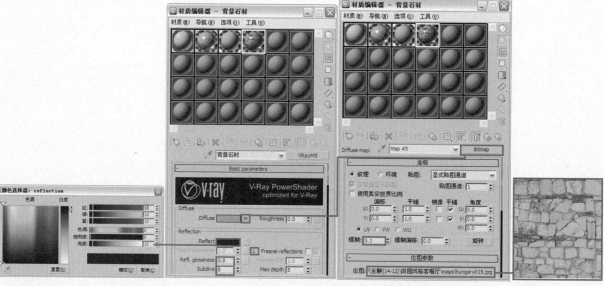

图5.53

08 返回VRayMtl材质层级，进入Maps（贴图）卷展栏，为Bump（凹凸）贴图通道添加一个"位图"贴图，具体参数设置如图5.54所示。贴图文件为配套光盘中的"第5章\maps\hungary015.jpg"文件。

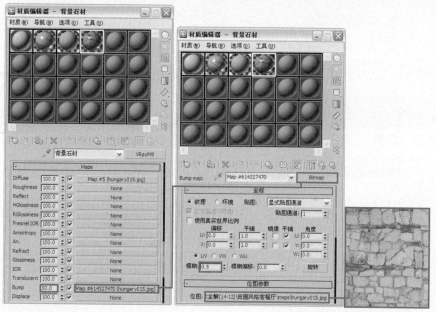

图5.54

09 将设置好的石材材质指定给物体"石材背景"，对摄影机视图进行渲染，石材材质效果如图5.55所示。

图5.55

10 下面设置场景结构部分的清油木质材质。选择一个空白材质球，将材质设置为VRayMtl材质，将其命名为"清油木质01"，单击Diffuse（漫反射）右侧的贴图按钮，为其添加一个"位图"贴图，参数设置如图5.56所示。贴图文件为配套光盘中的"第5章\maps\wood04.jpg"文件。

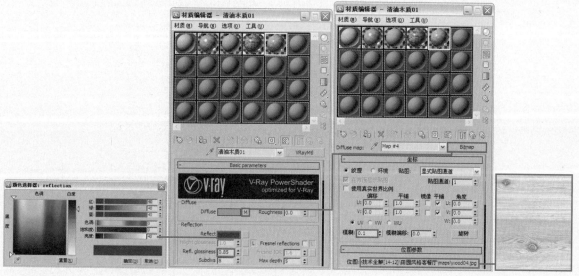

图5.56

11 返回VRayMtl材质层级，进入Maps（贴图）卷展栏，为Bump（凹凸）贴图通道添加一个"位图"贴图，具体参数设置如图5.57所示。贴图文件为配套光盘中的"第5章\maps\wood04.jpg"文件。

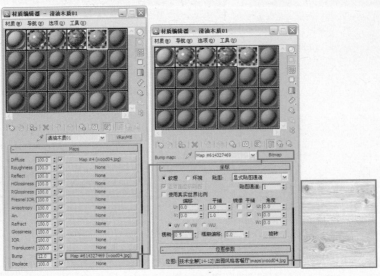

图5.57

12 将制作好的木质材质指定给物体"结构木"，对摄影机视图进行渲染，木质材质效果如图5.58所示。

图5.58

13 下面开始设置家具部分的清油木质材质。选择一个空白材质球，将材质设置为VRayMtl材质，将其命名为"清油木质02"，单击Diffuse（漫反射）右侧的贴图按钮，为其添加一个"位图"贴图，参数设置如图5.59所示。贴图文件为配套光盘中的"第5章\maps\mw004.jpg"文件。

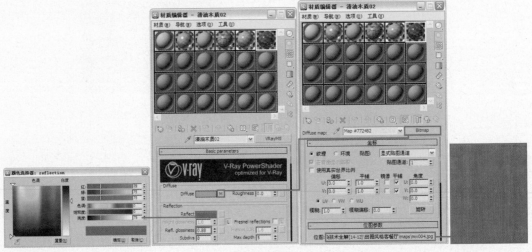

图5.59

14 将设置好的木质材质指定给物体"家具木"，对摄影机视图进行渲染，家具木材质效果如图5.60所示。

图5.60

15 下面开始设置场景中的纱帘材质。选择一个空白材质球，将材质设置为VRayMtl材质，并将其命名为"纱帘"，具体参数设置如图5.61所示。

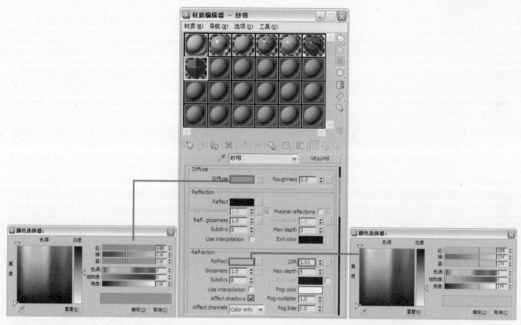

图5.61

16 将设置好的纱帘材质指定给物体"纱帘"，对摄影机视图进行渲染，纱帘材质效果如图5.62所示。

图5.62

17 下面开始设置沙发布料材质。选择一个空白材质球，将材质设置为VRayMtl材质，并将其命名为"沙发布料"，单击Diffuse（漫反射）右侧的贴图按钮，为其添加一个"位图"贴图，参数设置如图5.63所示。贴图文件为配套光盘中的"第5章\maps\wp_damask_084.jpg"文件。

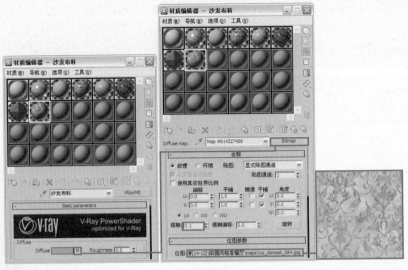

图5.63

18 返回VRayMtl材质层级，进入Maps（贴图）卷展栏，为Bump（凹凸）贴图通道添加一个"位图"贴图，具体参数设置如图5.64所示。贴图文件为配套光盘中的"第5章\maps\cloth_45.jpg"文件。

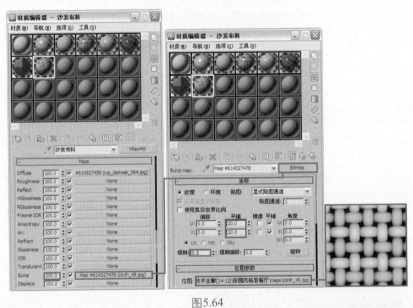

图5.64

19 将制作好的布料材质指定给物体"沙发布"，对摄影机视图进行渲染，布料效果如图5.65所示。

图5.65

至此，场景的灯光测试和材质设置都已经完成，下面将对场景进行最终渲染设置。最终渲染设置将决定图像的最终渲染品质。

VRay超写实室内效果图渲染技术全解

Work 5.5 最终渲染设置
VRay ART ZUI ZHON XUAN RAN SHE ZHI

3ds Max 2010+VRay

5.5.1 最终测试灯光效果

场景中材质设置完毕后需要对场景进行渲染，观察此时场景整体的灯光效果。对摄影机视图进行渲染，效果如图5.66所示。

图5.66

观察渲染效果，场景光线稍微有点暗，调整一下曝光参数，设置如图5.67所示。再次对摄影机视图进行渲染，效果如图5.68所示。

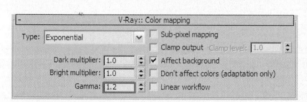

图5.67

图5.68

观察渲染效果，场景光线不需要再调整，接下来设置最终渲染参数。

5.5.2 灯光细分参数设置

提高灯光细分值可以有效地减少场景中的杂点，但渲染速度也会相对降低，所以只需要提高一些开启阴影设置的主要灯光的细分值，而且不能设置得过高。下面对场景中的主要灯光进行细分设置。

⑤ 01 将室外模拟日光的VRaySun灯光的阴影细分值设置为20，如图5.69所示。

⑤ 02 将窗口处模拟天光的VRayLight灯光的细分值设置为24，如图5.70所示。

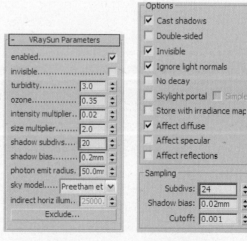

图5.69　　　　　　　图5.70

5.5.3 设置保存发光贴图和灯光贴图的渲染参数

在本书第2章中已经讲解过保存发光贴图和灯光贴图的方法，这里就不再重复，只对渲染级别设置进行讲解。

🎮 **01** 下面进行渲染级别设置。进入 V-Ray:: Irradiance map （发光贴图）卷展栏，设置参数如图5.71所示。

🎮 **02** 进入 V-Ray:: Light cache （灯光缓存）卷展栏，设置参数如图5.72所示。

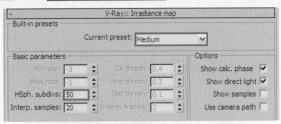

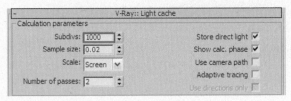

图5.71   图5.72

🎮 **03** 在 V-Ray:: DMC Sampler （准蒙特卡罗采样器）卷展栏中设置参数，如图5.73所示，这是模糊采样设置。

图5.73

渲染级别设置完毕，最后设置保存发光贴图和灯光贴图的参数并进行渲染即可。

5.5.4 最终成品渲染

最终成品渲染的参数设置如下。

🎮 **01** 当发光贴图和灯光贴图计算完毕后，在渲染设置对话框的"公用"选项卡中设置最终渲染图像的输出尺寸，如图5.74所示。

🎮 **02** 在 V-Ray:: Image sampler (Antialiasing) （图像采样）卷展栏中设置抗锯齿和过滤器，如图5.75所示。

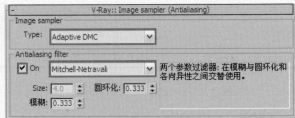

图5.74   图5.75

⑤ 03 最终渲染完成的效果如图5.76所示。

图5.76

　　最后使用Photoshop软件对图像的亮度、对比度及饱和度进行调整，使效果更加生动、逼真。在前面章节中已经对后期处理的方法进行了讲解，这里就不再赘述。后期处理后的最终效果如图5.77所示。

图5.77

5.6 本章附赠模型浏览

本章共附赠12款精美模型，以客餐厅类场景应用的模型居多，实际上这些模型不仅可以应用到客餐厅类场景，也可以应用到卧室或其他类场景中。

餐桌椅.max

灯柱.max

吊灯.max

酒杯.max

柜子.max

殴式花瓶.max

台灯.max

相框.max

植物.max

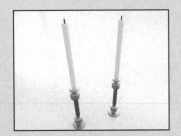

烛台.max

装饰品.max

柜子1.max

5.7　田园风格客餐厅案例赏析

欣赏优秀的案例作品，有利于快速提高自己的审美能力与设计水准，这一点对于效果图制作人员亦然。通过分析这些作品的视角、光线、质感与颜色搭配，就能够在这些方面提升自己的水平。

光盘\教学视频\第6章 现代豪华套房.swf

光盘\第6章\现代豪华套房源文件.max

光盘\第6章\现代豪华套房效果文件.max

光盘\第6章\单体模型素材（12款）

本章数据

场景模型：55M

单体模型：12款

欣赏场景：8张

学习视频：60分钟

第 **6** 章

清爽通透的舒适空间
——现代豪华套房空间

图6.1

6.1 现代豪华套房设计概述

豪华型卧室，面积一般在18m²~25m²左右，装修费用一般比较昂贵，所以这种卧室除了能够满足基本的睡眠更衣功能，还延伸出其他的如书房、更衣间、桑拿和观景等功能，尽享生活豪华舒适，如图6.1所示。

本章案例中所表现的就是一个典型的豪华套房空间，高级的木质拼合地板、高质量的羊毛地毯、进口墙面软包布料、轻钢龙骨架的造型吊顶及华丽的吊灯，尽显空间的豪华舒适感。通透浴室内的按摩浴缸在疲惫时给主人带来松弛的同时，主人还可以眺望远处的自然景观，让身心彻底放松，"情调卫生间"的格调顿时突显出来。

Work 6.2 现代豪华套房简介

3ds Max 2010+VRay

VRay ART XIAN DAI HAO HUA TAO FANG JIAN JIE

本章案例展示了一个豪华套房空间，大面积利用玻璃及方形的布质软包，使空间开阔并相连有序，整个空间流露出时尚与简约的气息。

本场景采用了日光、天光和室内灯光的表现手法，案例效果如图6.2所示。

图6.2

如图6.3所示为现在豪华套房模型的线框效果图。豪华套房的其他角度的渲染效果如图6.4所示。

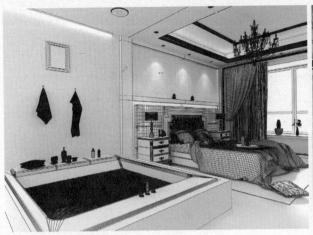

图6.3

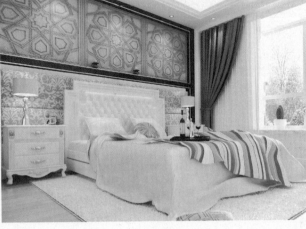

图6.4

下面首先进行测试渲染参数设置，然后进行灯光设置。

Work 6.3 测试渲染参数设置

VRay ART CE SHI XUAN RAN CAN SHU SHE ZHI 3ds Max 2010+VRay

打开本书配套光盘中的“第6章\现代豪华套房源文件.max”场景文件，如图6.5所示，可以看到这是一个已经创建好的套房场景模型，并且场景中的摄影机已经创建好了。

图6.5

下面首先进行测试渲染参数设置，然后为场景布置灯光。灯光布置包括室外阳光、天光及室内人造光源等的创建，其中室外阳光和天光为场景的主要照明光源，对场景的亮度及层次起决定性作用。

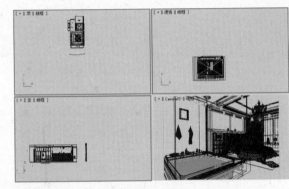

6.3.1 设置测试渲染参数

测试渲染参数的设置步骤如下。

01 按F10键打开渲染设置对话框，渲染器已经设置为V-Ray Adv 1.50.SP4渲染器，在 公用参数 卷展栏中设置较小的图像尺寸，如图6.6所示。

02 进入V-Ray选项卡， V-Ray:: Global switches （全局开关）卷展栏中的参数设置如图6.7所示。

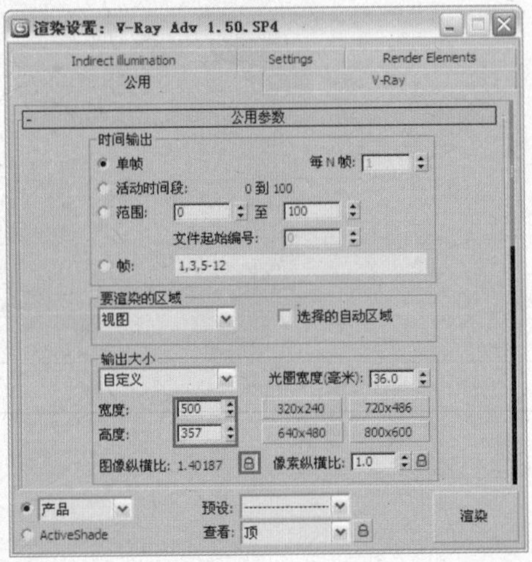

图6.6

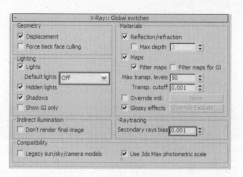

图6.7

03 进入 V-Ray:: Image sampler (Antialiasing) （图像采样）卷
展栏中，参数设置如图6.8所示。

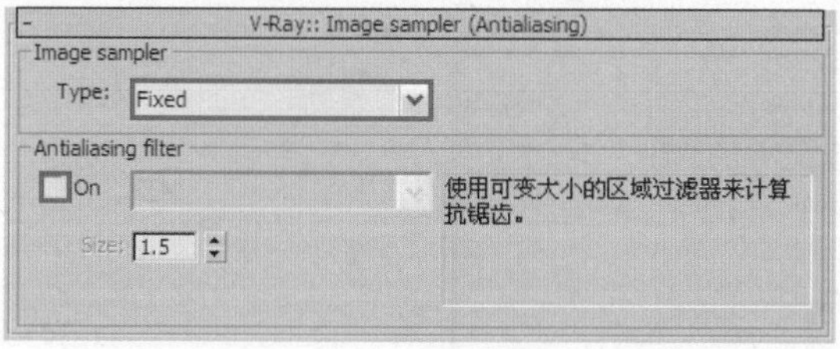

图6.8

04 进入Indirect illumination（间接照明）选项卡中，在
V-Ray:: Indirect illumination (GI) （间接照明）卷展栏中设
置参数，如图6.9所示。

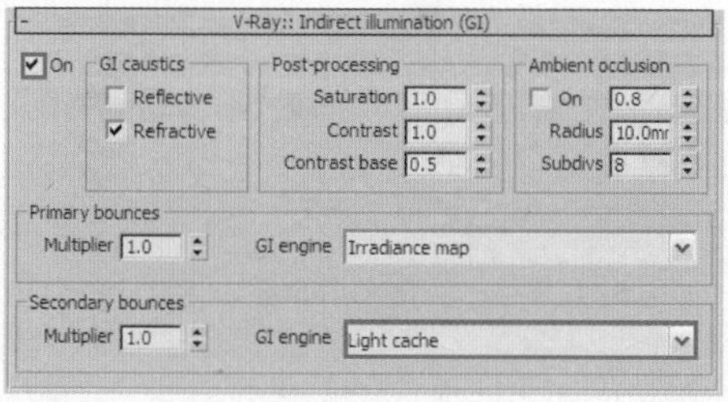

图6.9

05 在 V-Ray:: Irradiance map （发光贴图）卷展栏中设置参
数，如图6.10所示。

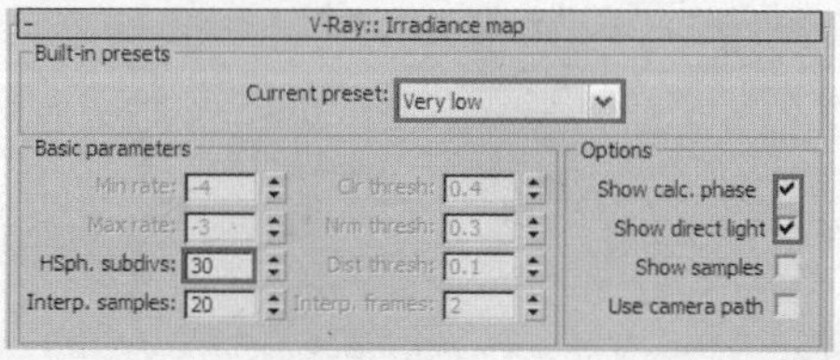

图6.10

06 在 V-Ray:: Light cache （灯光缓存）卷展栏中设置参数，
如图6.11所示。

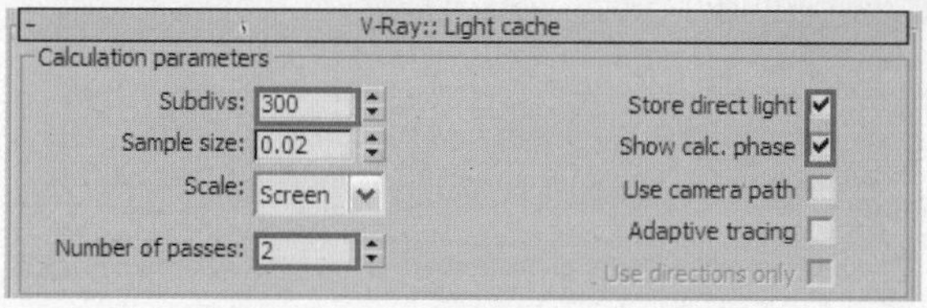

图6.11

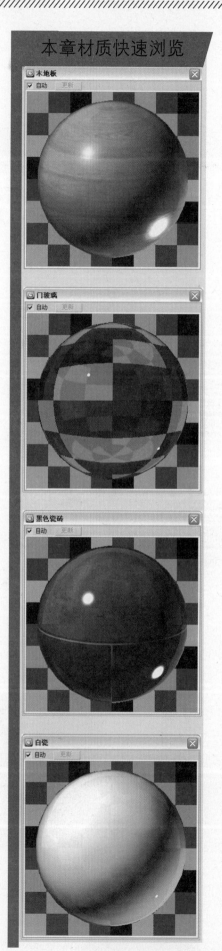

本章材质快速浏览

木地板

门玻璃

黑色瓷砖

白瓷

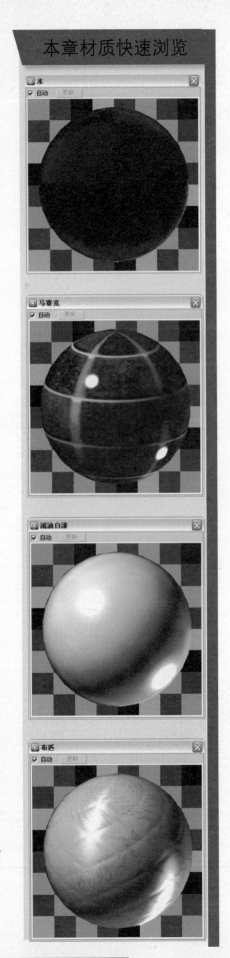

本章材质快速浏览

07 下面对环境光进行设置。打开 V-Ray:: Environment （环境）卷展栏，在GI Environment (skylight) override（环境天光覆盖）组中勾选On（开启）复选框，如图6.12所示。

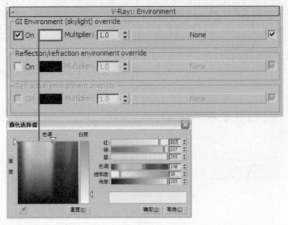

图6.12

6.3.2 布置场景灯光

01 首先创建室外的阳光。单击 （创建）按钮进入创建命令面板，单击 （灯光）按钮，在打开面板的下拉列表框中选择"标准"选项，然后在"对象类型"卷展栏中单击 目标平行光 按钮，在视图中创建一盏目标平行光，位置如图6.13所示。

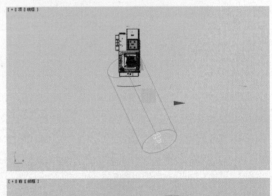

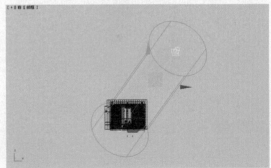

图6.13

02 单击 （修改）按钮进入修改命令面板，刚刚创建的目标平行光Direct01的参数设置如图6.14所示。

VRay超写实室内效果图渲染技术全解

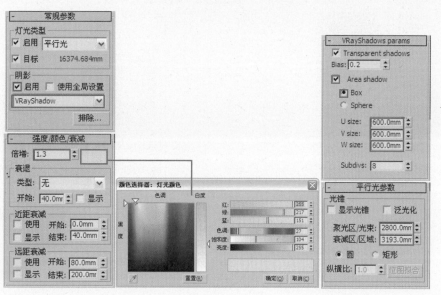

图6.14

03 由于物体"外景"阻挡了阳光进入室内,需在目标平行光中将其"排除",参数设置如图6.15所示。

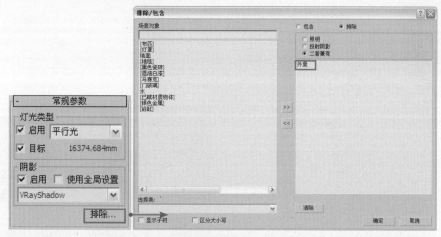

图6.15

04 由于物体"玻璃门"没有赋予材质,这里先将其隐藏。对摄影机视图进行渲染,灯光效果如图6.16所示。

图6.16

05 室外阳光创建完毕,下面创建室外的天光。单击 （创建）按钮进入创建命令面板,再单击 （灯光）按钮,在打开面板的下拉列表框中选择VRay选项,然后在"对象类型"卷展栏中单击 VRayLight 按钮,在场景的阳面窗户外部区域创建一盏VRayLight面光源,并通过旋转、移动等工具调整其位置,如图6.17所示。灯光参数设置如图6.18所示。

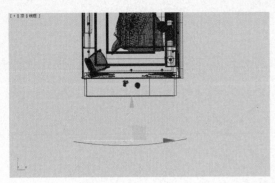

图6.17

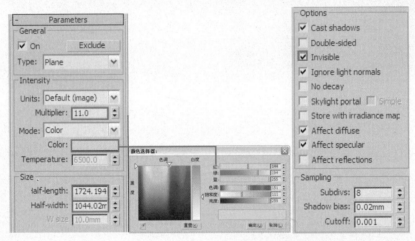

图6.18

🎬 **06** 对摄影机视图进行渲染，灯光效果如图
6.19所示。

图6.19

🎬 **07** 接着设置天光。在如图6.20所示位置创建一盏VRayLight面光源来模拟室外天光，具体参数设置
如图6.21所示。

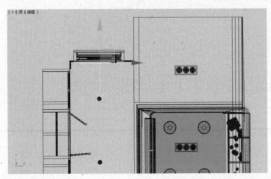
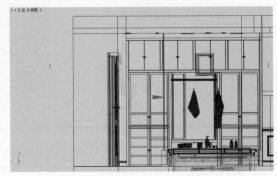

图6.20

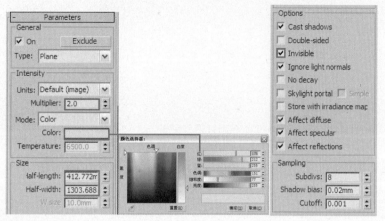

图6.21

08 接着在如图6.22所示位置也创建一盏VRayLight面光源来模拟室外天光，具体参数设置如图6.23所示。

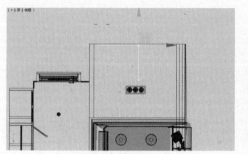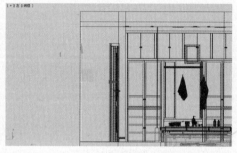

图6.22

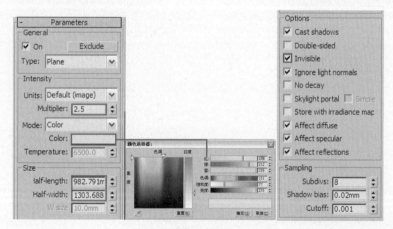

图6.23

09 对摄影机视图进行渲染，效果如图6.24所示。

图6.24

10 从渲染画面中可以看到，当前场景靠近窗户处曝光比较严重，下面通过调整场景曝光参数来改善场景亮度。按F10键打开渲染设置对话框，进入V-Ray选项卡，在 V-Ray:: Color mapping （色彩贴图）卷展栏中进行曝光控制，参数设置如图6.25所示。再次渲染效果如图6.26所示。

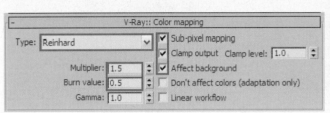

图6.25   图6.26

11 室外灯光已创建完毕，下面来创建室内的灯光效果。首先来设置天花板上的筒灯。单击 ✳ （创建）按钮进入创建命令面板，单击 💡 （灯光）按钮，在打开面板的下拉列表框中选择"光度学"选项，然后在"对象类型"卷展栏中单击 自由灯光 按钮，在如图6.27所示的位置创建一盏自由灯光来模拟天花板筒灯效果。

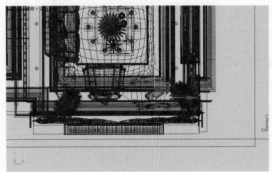
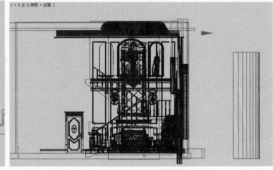

图6.27

12 进入修改命令面板对创建的自由灯光参数进行设置，如图6.28所示。光域网文件为配套光盘中的"第6章\maps\10.IES"文件。

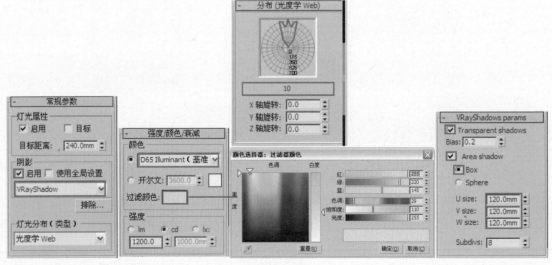

图6.28

13 在顶视图中，选择刚刚创建的自由灯光FPoint01，并将其关联复制出15盏，15盏灯光的位置如图6.29所示。

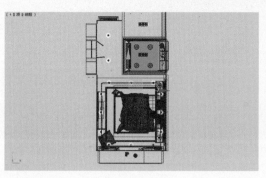

图6.29

⑥ **14** 对摄影机视图进行渲染，此时的效果如图6.30所示。

图6.30

⑥ **15** 接下来设置室内暗藏灯带效果。在如图6.31所示位置创建一盏VRayLight面光源。灯光的参数设置如图6.32所示。

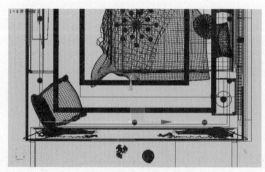

图6.31

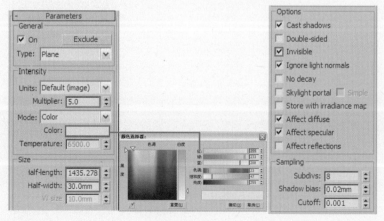

图6.32

⑥ **16** 选择刚刚创建的VRayLight05灯光，利用移动、缩放及旋转等工具，将其关联复制出8盏，灯光位置如图6.33所示。

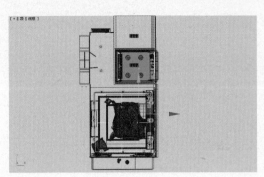

图6.33

17 此时对摄影机视图进行渲染，效果如图6.34所示。

图6.34

18 台灯灯光的设置。在如图6.35所示的台灯位置创建一盏VRayLight球形灯光，具体参数设置如图6.36所示。

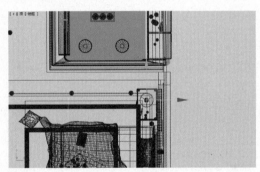
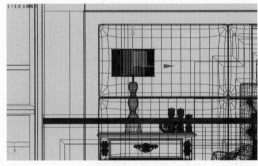

图6.35

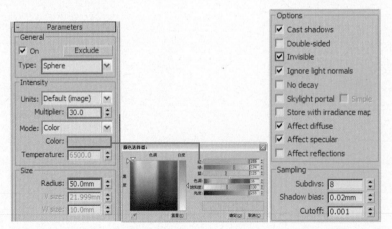

图6.36

19 在顶视图中选择刚刚创建的一盏VRayLight13球形灯光，将其关联复制出1盏，灯光位置如图6.37所示。

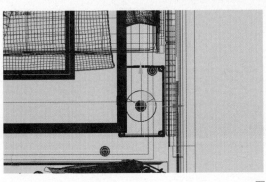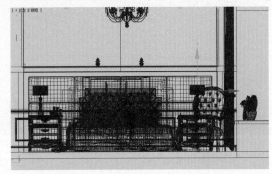

图6.37

20 对摄影机视图进行渲染，效果如图6.38
所示。

图6.38

21 观察渲染效果，有些地方比较暗，这里需要为其添加几盏补光灯光。首先为浴池添加一盏补光
灯光，灯光位置如图6.39所示，灯光参数设置如图6.40所示。

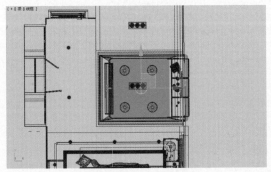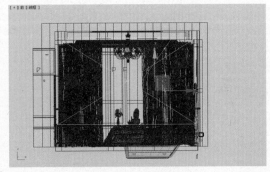

图6.39

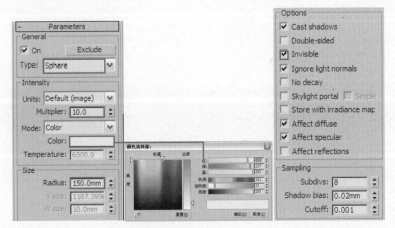

图6.40

22 对摄影机视图进行渲染，效果如图6.41所示。

23 接下来为床设置一盏补光灯光。在如图6.42所示位置创建一盏补光灯光，灯光参数设置如图6.43所示。

图6.41

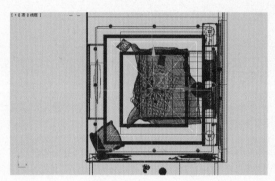

6.42

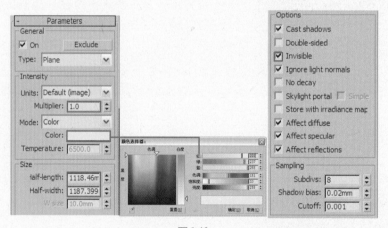

图6.43

24 对摄影机视图进行渲染，效果如图6.44所示。

图6.44

上面已经对场景的灯光进行了布置，最终测试结果比较满意，测试完灯光效果后，下面进行材质设置。

Work 6.4 设置场景材质

VRay ART　SHE ZHI CHANG JING CAI ZHI

为了提高设置场景材质时的测试渲染速度，可以在灯光布置完毕后对测试渲染参数下的发光贴图和灯光贴图进行保存，然后在设置场景材质时调用保存好的发光贴图和灯光贴图进行测试渲染，从而提高渲染速度。

6.4.1　设置场景主体材质

01 首先来设置木地板材质。选择一个空白材质球，将其设置为VRayMtl材质，并将其命名为"木地板"，单击Diffuse（漫反射）右侧的贴图按钮，为其添加一个"位图"贴图，具体参数设置如图6.45所示。贴图文件为配套光盘中的"第6章\maps\floor.jpg"文件。

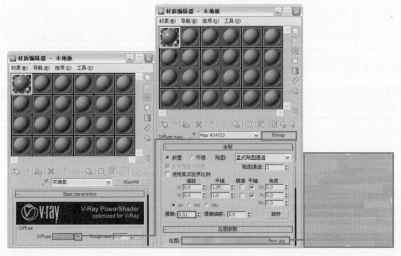

图6.45

02 返回VRayMtl材质层级，单击Reflect（反射）右侧的贴图按钮，为其添加一个"衰减"程序贴图，具体参数设置如图6.46所示。

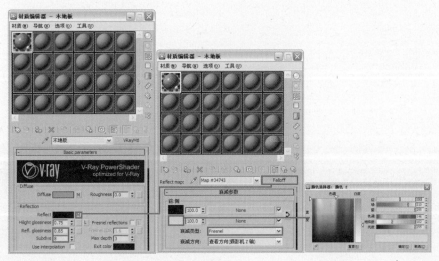

图6.46

03 返回VRayMtl材质层级，进入Maps（贴图）卷展栏，将Diffuse（漫反射）右侧的贴图关联复制到Bump（凹凸）右侧的贴图通道上，具体参数设置如图6.47所示。

04 将材质指定给物体"地面"，对摄影机视图进行渲染，效果如图6.48所示。

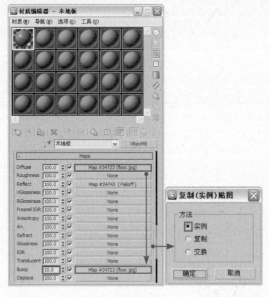

图6.47

图6.48

05 接下来设置玻璃门材质。选择一个空白材质球，将其设置为VRayMtl材质，并将其命名为"玻璃门"，具体参数设置如图6.49所示。

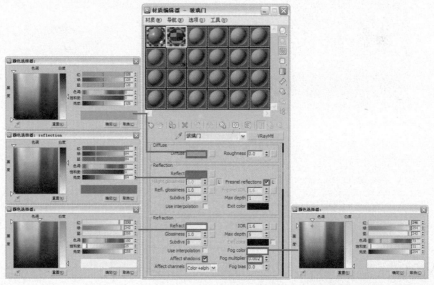

图6.49

06 将物体"玻璃门"显示出来，并将材质指定给它，对摄影机视图进行渲染，效果如图6.50所示。

图6.50

07 黑色瓷砖材质的设置。选择一个空白材质球，将其设置为VRayMtl材质，并将其命名为"黑色瓷砖"，单击Diffuse（漫反射）右侧的贴图按钮，为其添加一个"位图"贴图，具体参数设置如图6.51所示。贴图文件为配套光盘中的"第6章\maps\SC-023.jpg"文件。

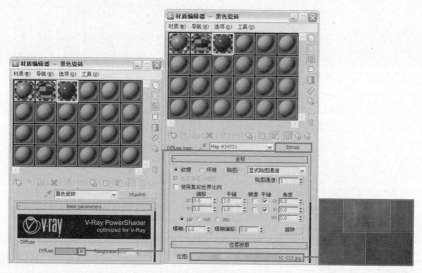

图6.51

08 返回VRayMtl材质层级，单击Reflect（反射）右侧的贴图按钮，为其添加一个"衰减"程序贴图，具体参数设置如图6.52所示。

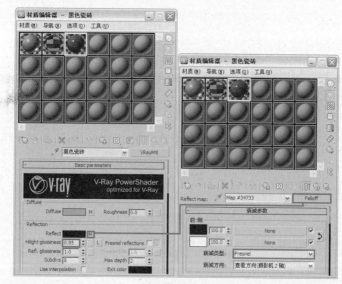

图6.52

09 将材质指定给物体"黑色瓷砖"，对摄影机视图进行渲染，瓷砖的局部效果如图6.53所示。

图6.53

10 白瓷材质的设置。选择一个空白材质球，将其设置为VRayMtl材质，并将其命名为"白瓷"，具体参数设置如图6.54所示。

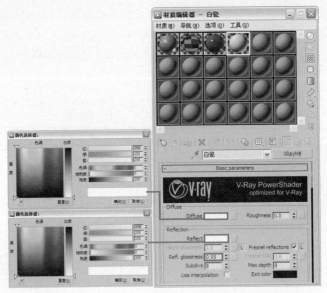

图6.54

11 为了更好地表现出白瓷的质感，这里为其添加一个"输出"程序贴图来提高其亮度。单击Diffuse（漫反射）右侧的贴图按钮，为其添加一个"衰减"程序贴图，单击第一个颜色通道按钮，为其添加一个"输出"程序贴图，具体参数设置如图6.55所示。

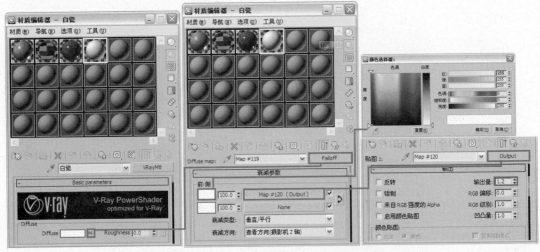

图6.55

12 将材质指定给物体"浴缸"，对摄影机视图进行渲染，浴缸的局部效果如图6.56所示。

图6.56

13 浴缸水材质的设置。选择一个空白材质球，将其设置为VRayMtl材质，并将其命名为"水"，具体参数设置如图6.57所示。

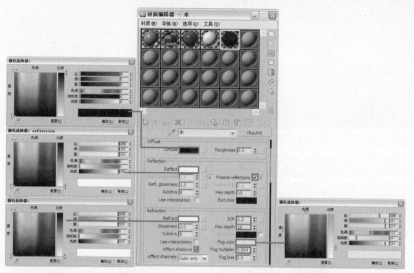

图6.57

14 将材质指定给物体"水",对摄影机视图
进行渲染,水的局部效果如图6.58所示。

图6.58

15 马赛克材质的设置。选择一个空白材质球,将其设置为VRayMtl材质,并将其命名为"马赛克",单击Diffuse(漫反射)右侧的贴图按钮,为其添加一个"位图"贴图,具体参数设置如图6.59所示。贴图文件为配套光盘中的"第6章\maps\MSK-0172.jpg"文件。

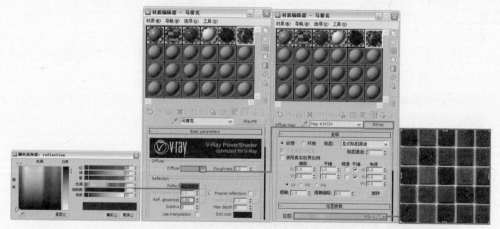

图6.59

16 将材质指定给物体"马赛克",对摄影机
视图进行渲染,马赛克的局部效果如图
6.60所示。

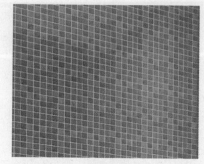

图6.60

17 混油白漆材质的设置。选择一个空白材质球，将其设置为VRayMtl材质，并将其命名为"混油白漆"，单击Reflect（反射）右侧的贴图按钮，为其添加一个"衰减"程序贴图，具体参数设置如图6.61所示。

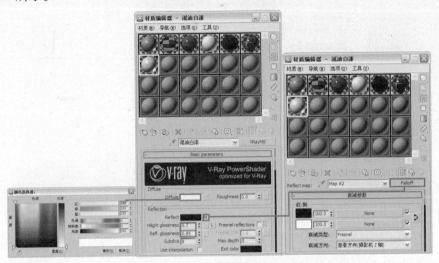

图6.61

18 将材质指定给物体"混油白漆"，对摄影机视图进行渲染，白漆的局部效果如图6.62所示。

图6.62

19 床单材质的设置，选择一个空白材质球，将其设置为VRayMtl材质，并将其命名为"布匹"，单击Diffuse（漫反射）右侧的贴图按钮，为其添加一个"位图"贴图，具体参数设置如图6.63所示。贴图文件为配套光盘中的"第6章\maps\20081019_8f4e5ca5b0525cb7473dnpGVQRjja58E.jpg"文件。

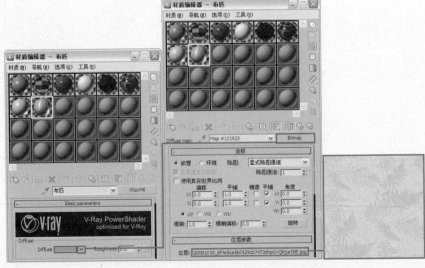

图6.63

20 返回VRayMtl材质层级，单击Reflect（反射）右侧的贴图按钮，为其添加一个"衰减"程序贴图，具体参数设置如图6.64所示。

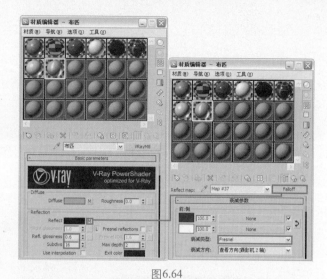

图6.64

21 返回VRayMtl材质层级，进入BRDF（双向反射分布）卷展栏，设置高光参数如图6.65所示。

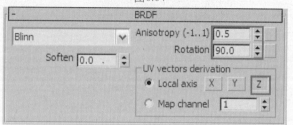

图6.65

22 进入Maps（贴图）卷展栏，单击Bump（凹凸）右侧的贴图通道按钮，为其添加一个"位图"贴图，具体参数设置如图6.66所示。贴图文件为配套光盘中的"第6章\maps\покрывало бамп.jpg"。

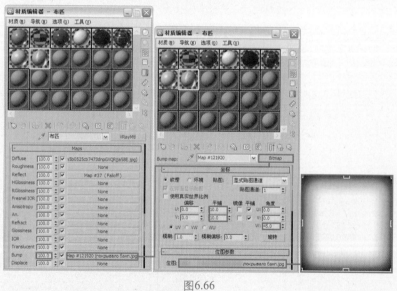

图6.66

23 将材质指定给物体"布匹"，对摄影机视图进行渲染，布匹的局部效果如图6.67所示。

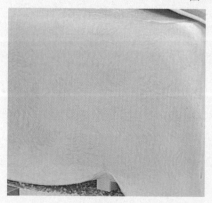

图6.67

6.4.2 设置场景的其他材质

01 台灯材质的设置。首先来设置灯罩材质，选择一个空白材质球，将其设置为VRayMtl材质，并将其命名为"灯罩"。单击Diffuse（漫反射）右侧的贴图按钮，为其添加一个"衰减"程序贴图，具体参数设置如图6.68所示，将材质指定给物体"灯罩"。

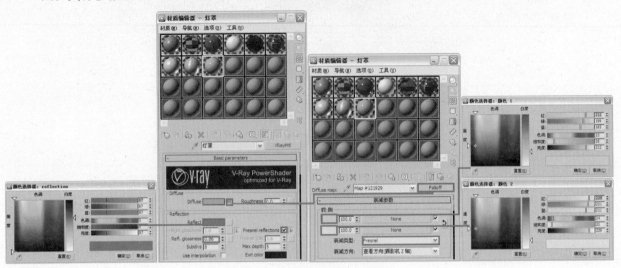

图6.68

02 接着设置台灯金属材质。选择一个空白材质球，将其设置为VRayMtl材质，并将其命名为"银色金属"，具体参数设置如图6.69所示。

03 将材质指定给物体"银色金属"，对摄影机视图进行渲染，台灯的局部效果如图6.70所示。

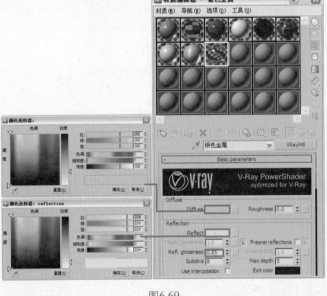

图6.69

图6.70

04 地毯材质的设置。选择一个空白材质球，将其设置为VRayMtl材质，并将其命名为"地毯"，单击Diffuse（漫反射）右侧的贴图按钮，为其添加一个"位图"贴图，具体参数设置如图6.71所示。贴图文件为配套光盘中的"第6章\maps\tablecloth.jpg"文件。

05 返回VRayMtl材质，进入Maps（贴图）卷展栏，单击Bump（凹凸）右侧的贴图通道按钮，为其添加一个"位图"贴图，具体参数设置如图6.72所示。贴图文件为配套光盘中的"第6章\maps\置换地毯.jpg"文件。

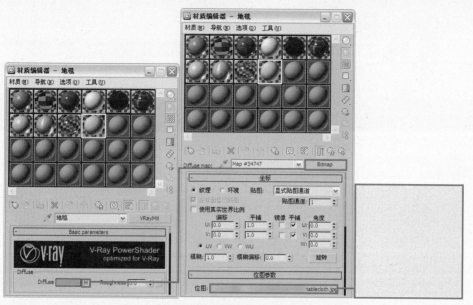

图6.71

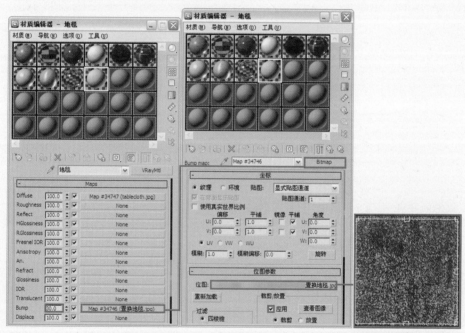

图6.72

06 将材质指定给物体"地毯"，对摄影机视图进行渲染，地毯的局部效果如图6.73所示。

图6.73

至此，场景的灯光测试和材质设置都已经完成，下面将对场景进行最终渲染设置。

6.5.1 最终测试灯光效果

　　场景中材质设置完毕后需要取消对发光贴图和灯光贴图的调用，再次对场景进行渲染，观察此时的场景效果，如图6.74所示。

图6.74

　　观察渲染效果发现场景整体有点暗，下面将通过提高曝光参数来提高场景亮度，参数设置如图6.75所示，再次渲染效果如图6.76所示。

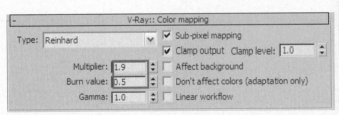

图6.75

图6.76

　　观察渲染效果，场景光线不需要再调整，接下来设置最终渲染参数。

6.5.2 灯光细分参数设置

🔲01 首先将场景中用来模拟室外阳光的目标平行光的灯光阴影细分值设置为24，如图6.77所示。
🔲02 再将用来模拟室外天光的VRayLight的灯光细分值设置为20，如图6.78所示。
🔲03 然后将模拟筒灯的FPoint灯光的灯光阴影细分值设置为10，如图6.79所示。
🔲04 最后将场景中用来模拟暗藏灯带和补光的VRayLight的灯光细分值设置为10，如图6.80所示。

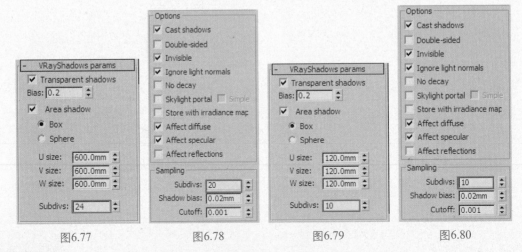

图6.77　　　　　图6.78　　　　　图6.79　　　　　图6.80

6.5.3 设置保存发光贴图和灯光贴图的渲染参数

在前面章节中已经讲解过保存发光贴图和灯光贴图的方法，这里就不再重复，只对渲染级别的设置进行讲解。

Ⓢ **01** 进入 `V-Ray:: Irradiance map` （发光贴图）卷展栏，设置参数如图6.81所示。

Ⓢ **02** 进入 `V-Ray:: Light cache` （灯光缓存）卷展栏，设置参数如图6.82所示。

图6.81

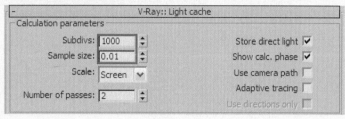

图6.82

Ⓢ **03** 在 `V-Ray:: DMC Sampler` （准蒙特卡罗采样器）卷展栏中设置参数如图6.83所示，这是模糊采样设置。

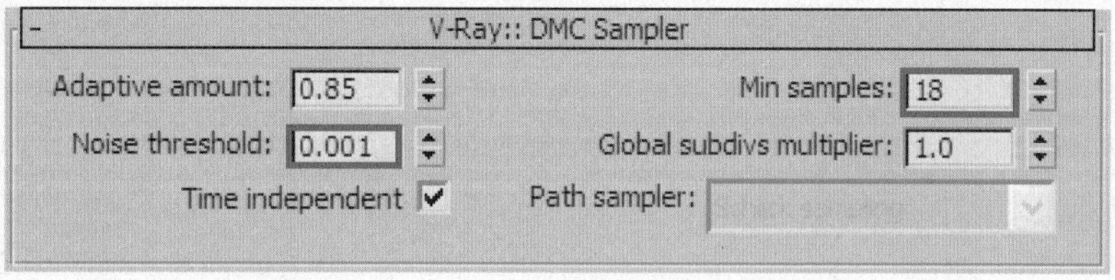

图6.83

渲染级别设置完毕，最后设置保存发光贴图和灯光贴图的参数并进行渲染即可。

6.5.4 最终成品渲染

最终成品渲染的参数设置如下。

Ⓢ **01** 当发光贴图和灯光贴图计算完毕后，在渲染设置对话框的"公用"选项卡中设置最终渲染图像的输出尺寸，如图6.84所示。

Ⓢ **02** 在 `V-Ray:: Image sampler (Antialiasing)` （图像采样）卷展栏中设置抗锯齿和过滤器，如图6.85所示。

图6.84

图6.85

03 最终渲染完成的效果如图6.86所示。

图6.86

最后使用Photoshop软件对图像的亮度、对比度及饱和度进行调整，使效果更加生动、逼真。在前面章节中已经对后期处理的方法进行了讲解，这里就不再赘述。后期处理后的最终效果如图6.87所示。

图6.87

本章附赠模型浏览

本章共附赠12款精美模型，以套房空间类场景应用的模型居多，实际上这些模型不仅可以应用到套房空间类场景，也可以应用到客厅或卧室类场景中。

床.max

吊灯.max

柜子.max

闹钟.max

书本.max

书桌.max

台灯1.max

台灯2.max

椅子.max

圆地毯.max

植物1.max

装饰画.max

6.7　现代豪华套房案例赏析

欣赏优秀的案例作品，有利于快速提高自己的审美能力与设计水准，这一点对于效果图制作人员亦然。通过分析这些作品的视角、光线、质感与颜色搭配，就能够在这些方面提升自己的水平。

光盘\教学视频\第7章 欧式平层别墅客厅.swf

光盘\第7章\欧式平层别墅客厅源文件.max

光盘\第7章\欧式平层别墅客厅效果文件.max

光盘\第7章\单体模型素材（12款）

本章数据

场景模型：60M

单体模型：12款

欣赏场景：8张

学习视频：60分钟

第 **7** 章

华丽高雅的古典风格
——欧式平层别墅客厅

图7.1

7.1 欧式平层别墅客厅设计概述

豪华型的欧式客厅装修，在功能近乎完美的基础上，体现出独特的装饰风格。天花、墙面的造型丰富，使用各种材料的搭配，水晶吊灯、布艺沙发和大理石地板拼花等，都是在营造一种高雅、贵族气派的居室风格。除了要有好的设计方案外，还要选择高档的材料和精湛的施工工艺，如图7.1所示。

本章案例中所表现的就是一个典型的豪华欧式平层别墅客厅空间，造型讲究二级吊顶，高档次的进口墙面地面材料，名贵木材或高档夹板贴面打造的家具，配上水晶吊灯和最新款式的灯具，摒弃了古典时期繁复厚重的细节，而取其仪式感和华丽感设计的精华。既非绝对横平竖直的线条，又在整体上保持了简约的现代生活思想，从而使客厅的设计获得了跨越时空的表现力。

Work 7.2 欧式平层别墅客厅简介
VRay ART   OU SHI PING CENG BIE SHU KE TING JIAN JIE
3ds Max 2010+VRay

本章案例展示了一个欧式平层别墅客厅空间，采用现代欧式的典型设计手法，用白色作为墙面的基调，一直延伸到吊顶，整个欧式风情的客厅层次分明、错落有致。

本场景采用了天光和室内灯光的表现手法，案例效果如图7.2所示。

图7.2

如图7.3所示为欧式平层别墅客厅模型的线框效果图。

欧式平层别墅客厅的其他角度渲染效果如图7.4所示。

图7.3 　　　　　　　　　　　　　　　　图7.4

下面首先进行测试渲染参数设置，然后进行灯光设置。

Work 7.3 测试渲染参数设置
VRay ART CE SHI XUAN RAN CAN SHU SHE ZHI
3ds Max 2010+VRay

打开本书配套光盘中的"第7章\欧式平层别墅客厅源文件.max"场景文件，如图7.5所示，可以看到这是一个已经创建好的客厅场景模型，并且场景中摄影机已经创建好了。

下面首先进行测试渲染参数设置，然后为场景布置灯光。灯光布置包括室外阳光、天光及室内人造光源等的创建，其中室外阳光和天光为场景的主要照明光源，对场景的亮度及层次起决定性作用。

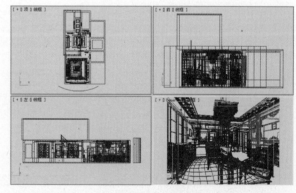

图7.5

7.3.1 设置测试渲染参数

测试渲染参数的设置步骤如下。

01 按F10键打开渲染设置对话框，渲染器已经设置为V-Ray Adv 1.50.SP4渲染器，在 公用参数 卷展栏中设置较小的图像尺寸，如图7.6所示。

02 进入V-Ray选项卡，V-Ray:: Global switches（全局开关）卷展栏中的参数设置如图7.7所示。

图7.6

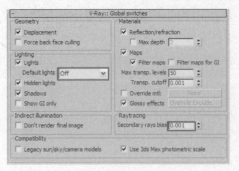

图7.7

03 进入 `V-Ray:: Image sampler (Antialiasing)` （图像采样）卷展栏，参数设置如图7.8所示。

图7.8

04 进入Indirect illumination（间接照明）选项卡，在 `V-Ray:: Indirect illumination (GI)` （间接照明）卷展栏中设置参数，如图7.9所示。

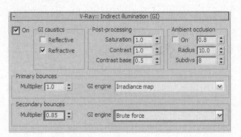

图7.9

05 在 `V-Ray:: Irradiance map` （发光贴图）卷展栏中设置参数，如图7.10所示。

图7.10

06 在 `V-Ray:: Light cache` （灯光缓存）卷展栏中设置参数，如图7.11所示。

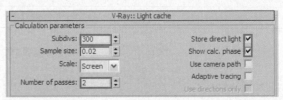

图7.11

07 下面对环境光进行设置。打开 V-Ray:: Environment （环境）卷展栏，分别在GI Environment (skylight)override （环境天光覆盖）和Reflection/refraction environment override （反射/折射环境覆盖）组中勾选On（开启）复选框，具体参数设置如图7.12所示。

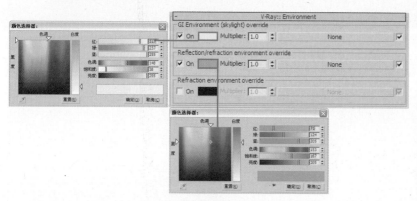

图7.12

7.3.2 布置场景灯光

01 首先创建室外的天光。单击 ✳ （创建）按钮进入创建命令面板，再单击 🔦 （灯光）按钮，在打开面板的下拉列表框中保持VRay选项，然后在"对象类型"卷展栏中单击 VRayLight 按钮，在场景的阳面窗户外部区域创建一盏VRayLight面光源，并通过旋转、移动等工具调整其位置，如图7.13所示。灯光参数设置如图7.14所示。

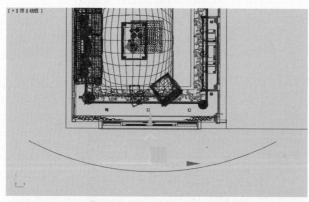

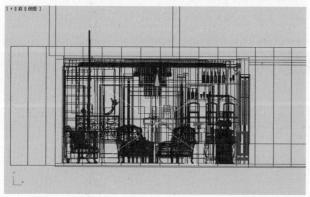

图7.13

本章材质快速浏览

地面

墙面壁纸

镜子

白色混油

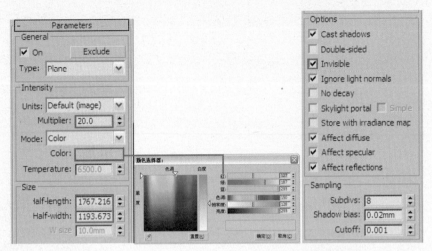

图7.14

02 对摄影机视图进行渲染，效果如图7.15所示。

图7.15

03 从渲染画面可以看到，当前场景靠近窗户处的曝光比较严重，下面通过调整场景曝光参数来改善场景亮度。按F10键打开渲染设置对话框，进入V-Ray选项卡，在 V-Ray:: Color mapping （色彩贴图）卷展栏中进行曝光控制，参数设置如图7.16所示，再次渲染效果如图7.17所示。

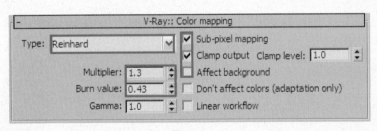

图7.16

图7.17

04 接着设置天光。在如图7.18所示楼梯口位置创建一盏VRayLight面光源，具体参数设置如图7.19所示。

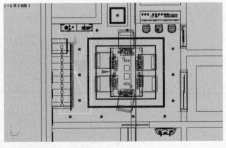

图7.18

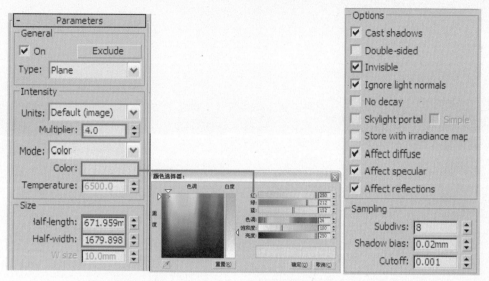

图7.19

05 对摄影机视图进行渲染，效果如图7.20 所示。

图7.20

06 室外的灯光已创建完毕，下面来创建室内的灯光效果，首先来设置天花板上的筒灯。单击 ✿ （创建）按钮进入创建命令面板，单击 ❑ （灯光）按钮，在打开面板的下拉列表框中选择"光度学"选项，然后在"对象类型"卷展栏中单击　自由灯光　按钮，在如图7.21所示位置创建一盏自由灯光来模拟天花板筒灯效果。

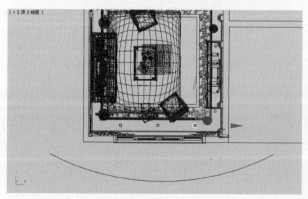
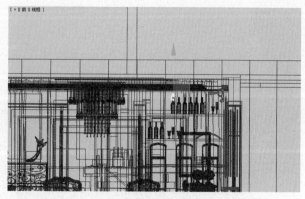

图7.21

07 进入修改命令面板对创建的目标灯光参数进行设置，如图7.22所示。光域网文件为配套光盘中的"第7章\maps\10.IES"文件。

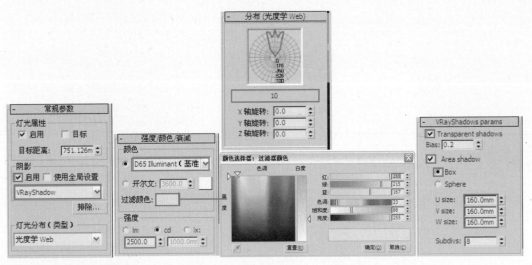

图7.22

08 在顶视图，选中刚刚创建的自由灯光FPoint01，并将其关联复制出31盏，位置如图7.23所示。

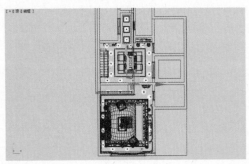
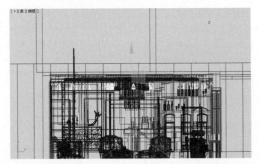

图7.23

09 对摄影机视图进行渲染，此时效果如图7.24所示。

图7.24

10 设置客厅吊灯灯光效果。在如图7.25所示位置创建一盏VRayLight球形灯光，并通过缩放工具改变其形状，灯光参数设置如图7.26所示。

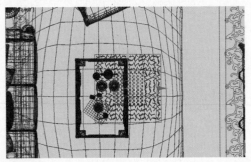
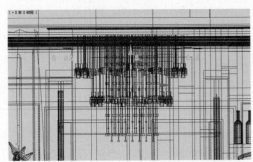

图7.25

VRay超写实室内效果图渲染技术全解

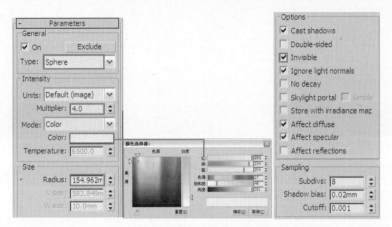

图7.26

11 对摄影机视图进行渲染，此时效果如图7.27所示。

图7.27

12 设置走廊顶部灯光效果。在如图7.28所示位置创建一盏VRayLight面光源，灯光的参数设置如图7.29所示。

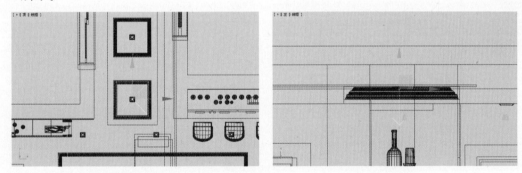

图7.28

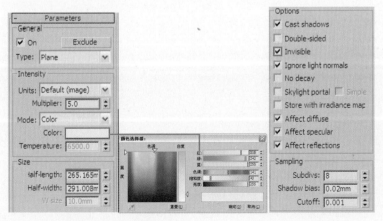

图7.29

13 在顶视图中选择刚刚创建的VRayLight04灯光，将其关联复制出2盏，灯光位置如图7.30所示。

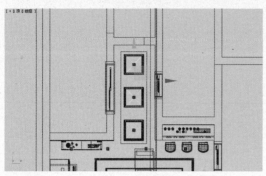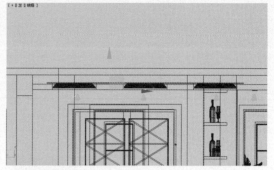

图7.30

14 此时对摄影机视图进行渲染，效果如图7.31所示。

图7.31

15 接下来设置室内暗藏灯带效果。在如图7.32所示位置创建一盏VRayLight面光源，灯光的参数设置如图7.33所示。

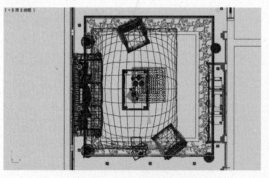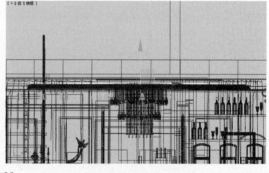

图7.32

图7.33

VRay超写实室内效果图渲染技术全解

16 选择刚刚创建的VRayLight07灯光，利用移动、缩放及旋转等工具，将其关联复制出3盏，灯光位置如图7.34所示。

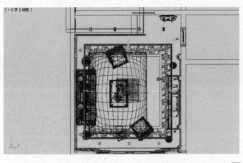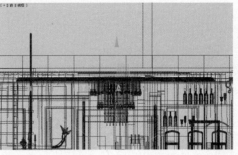

图7.34

17 接着设置餐厅顶部暗藏灯带效果。在如图7.35所示位置创建一盏VRayLight面光源，灯光的参数设置如图7.36所示。

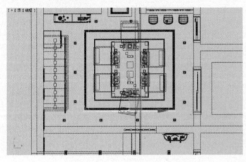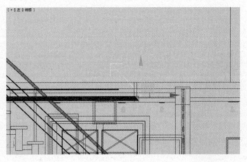

图7.35

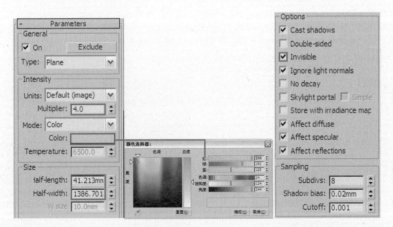

图7.36

18 选择刚刚创建的VRayLight11灯光，利用移动、缩放及旋转等工具，将其关联复制出3盏，灯光位置如图7.37所示。

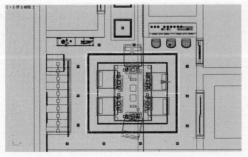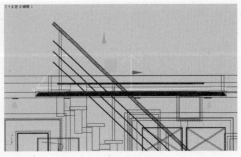

图7.37

19 酒柜暗藏灯光的设置。在如图7.38所示位置创建一盏VRayLight面光源，具体参数设置如图7.39所示。

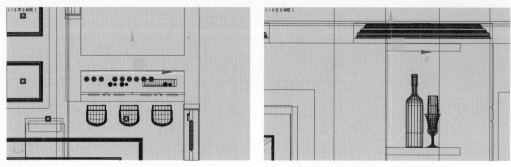

图7.38

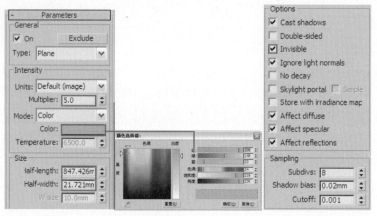

图7.39

20 选择刚刚创建的VRayLight15灯光，利用移动、缩放及旋转等工具，将其关联复制出3盏，灯光位置如图7.40所示。

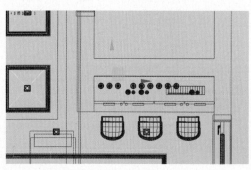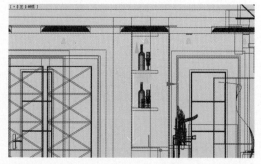

图7.40

21 此时对摄影机视图进行渲染，效果如图7.41所示。

图7.41

22 最后设置两盏补光灯光。首先设置餐桌上面的补光效果。在如图7.42所示餐桌位置创建一盏
VRayLight面光源，灯光参数设置如图7.43所示。

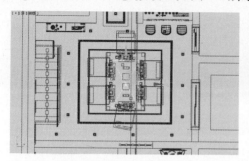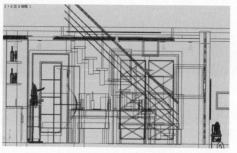

图7.42

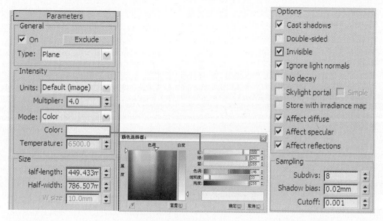

图7.43

23 最后设置客厅茶几补光灯光。在茶几上面创建一盏VRayLight 面光源，灯光位置如图7.44所示。

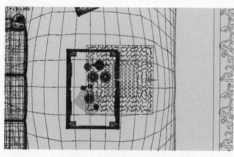

图7.44

24 灯光参数设置如图7.45所示。

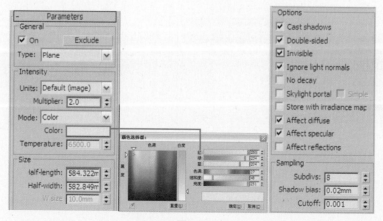

图7.45

25 对摄影机视图进行渲染，效果如图7.46所示。

图7.46

上面已经对场景的灯光进行了布置，最终测试结果比较满意，测试完灯光效果后，下面进行材质设置。

Work 7.4 设置场景材质

VRay ART　SHE ZHI CHANG JING CAI ZHI

为了提高设置场景材质时的测试渲染速度，可以在灯光布置完毕后对测试渲染参数下的发光贴图和灯光贴图进行保存，然后在设置场景材质时调用保存好的发光贴图和灯光贴图进行测试渲染，从而提高渲染速度。

01 首先来设置地面材质。选择一个空白材质球，将其设置为VRayMtl材质，并将其命名为"地面"，单击Diffuse（漫反射）右侧的贴图按钮，为其添加一个"位图"贴图，具体参数设置如图7.47所示。贴图文件为配套光盘中的"第7章\maps\金碧砖02.jpg"文件。

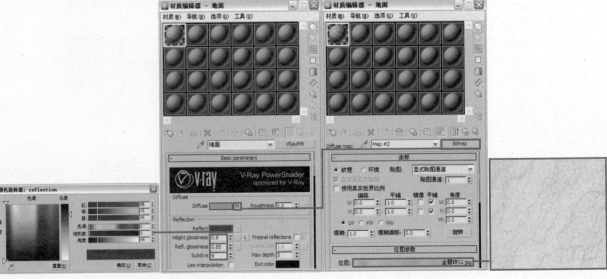

图7.47

02 返回VRayMtl材质层级，进入Maps（贴图）卷展栏，将Diffuse（漫反射）右侧的贴图关联复制到Bump（凹凸）右侧的贴图通道上，具体参数设置如图7.48所示。

03 将材质指定给物体"地面"，对摄影机视图进行渲染，效果如图7.49所示。

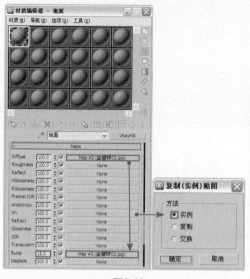

图7.48 图7.49

04 墙面壁纸材质的设置。选择一个空白材质球，将其设置为VRayMtl材质，并将其命名为"墙面壁纸"，单击Diffuse（漫反射）右侧的贴图按钮，为其添加一个"位图"贴图，具体参数设置如图7.50所示。贴图文件为配套光盘中的"第7章\maps\245浅壁.jpg"文件。

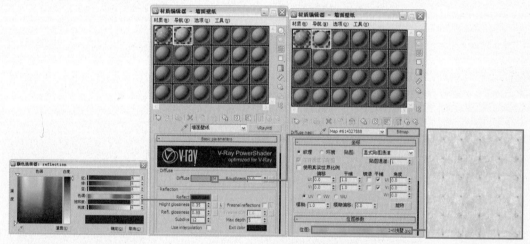

图7.50

05 返回VRayMtl材质层级，进入Maps（贴图）卷展栏，将Diffuse（漫反射）右侧的贴图关联复制到Bump（凹凸）右侧的贴图通道上，具体参数设置如图7.51所示。

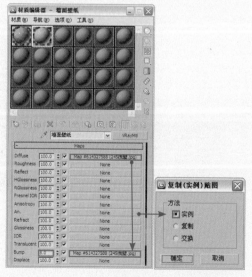

图7.51

06 将材质指定给物体"墙面壁纸"，对摄影机视图进行渲染，效果如图7.52所示。

图7.52

07 墙面装饰镜子材质的设置。选择一个空白材质球，将其设置为VRayMtl材质，并将其命名为"镜子"，具体参数设置如图7.53所示。将材质指定给物体"镜子"，对摄影机视图进行渲染，镜子的局部效果如图7.54所示。

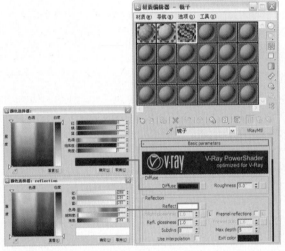

图7.53

图7.54

08 白色混油材质设置。选择一个空白材质球，将其设置为VRayMtl材质，并将其命名为"白色混油"，具体参数设置如图7.55所示。将材质指定给物体"白色混油"，对摄影机视图进行渲染，白漆的局部效果如图7.56所示。

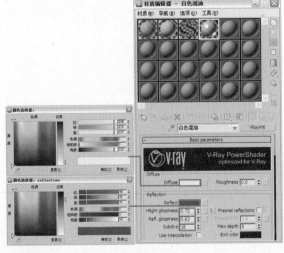

图7.55

图7.56

VRay超写实室内效果图渲染技术全解

09 沙发布材质的设置。选择一个空白材质球，将其设置为VRayMtl材质，并将其命名为"沙发布"。单击Diffuse（漫反射）右侧的贴图按钮，为其添加一个"衰减"程序贴图，具体参数设置如图7.57所示。贴图文件为配套光盘中的"第7章\maps\img200712220921190.jpg"。

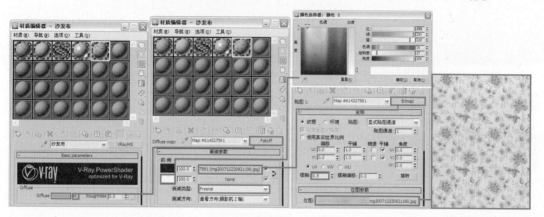

图7.57

10 沙发木质材质的设置。选择一个空白材质球，将其设置为VRayMtl材质，并将其命名为"木质"。单击Diffuse（漫反射）右侧的贴图按钮，为其添加一个"位图"贴图，具体参数设置如图7.58所示。贴图文件为配套光盘中的"第7章\maps\木007.jpg"。

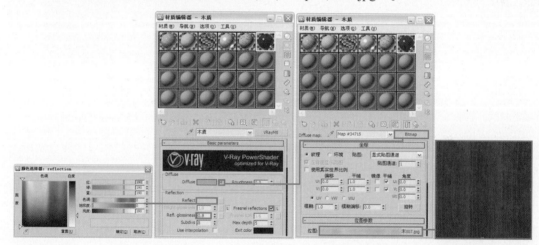

图7.58

11 将材质指定给物体"沙发木质"，对摄影机视图进行渲染，木质的局部效果如图7.59所示。

图7.59

12 栏杆玻璃材质的设置。选择一个空白材质球，将其设置为VRayMtl材质，并将其命名为"玻璃"，具体参数设置如图7.60所示。

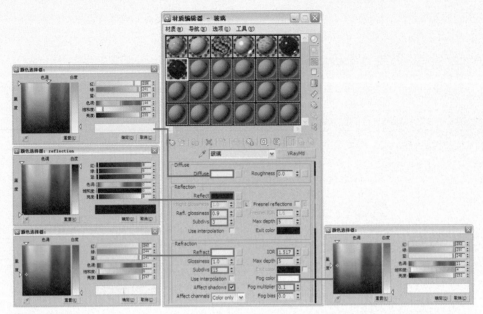

图7.60

13 将材质指定给物体"玻璃"，对摄影机视图
进行渲染，效果如图7.61所示。

图7.61

14 接着设置茶几台面材质。选择一个空白材质球，将其设置为VRayMtl材质，并将其命名为"台
面大理石"。单击Diffuse（漫反射）右侧的贴图按钮，为其添加一个"位图"贴图，具体参
数设置如图7.62所示。将材质指定给物体"台面大理石"。贴图文件为配套光盘中的"第7章\
maps\ArchInteriors_14_06_barkb.jpg"。

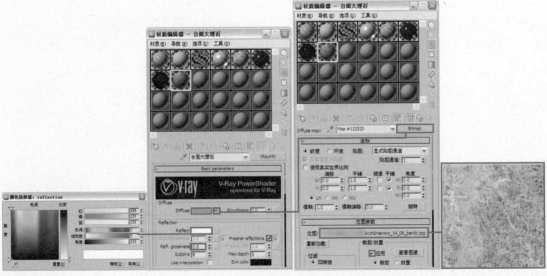

图 7.62

15 返回VRayMtl材质，进入BRDF（双向反射分布）卷展栏，设置其高光类型如图7.63所示。

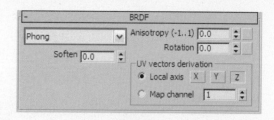

图7.63

16 茶几金属材质的设置。选择一个空白材质球，将其设置为VRayMtl材质，并将其命名为"茶几金属"，具体参数设置如图7.64所示。将制作好的材质，指定给物体"茶几金属"，对摄影机视图进行渲染，效果如图7.65所示。

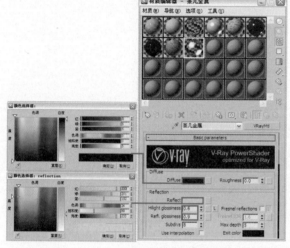

图7.64   图7.65

17 地毯材质的设置。在设置地毯材质前，先为物体"地毯"添加一个 VRayDisplacementMod （VRay置换）修改器。单击Texmap（纹理贴图）下面的贴图按钮，为其添加一个"位图"贴图。将贴图拖曳到材质编辑器上进行修改，具体参数设置如图7.66所示。

图7.66

18 接着设置地毯材质。选择一个空白材质球，将其设置为VRayMtl材质，并将其命名为"地毯"。单击Diffuse（漫反射）右侧的贴图按钮，为其添加一个"位图"贴图，具体参数设置如图7.67所示。贴图文件为配套光盘中的"第7章\maps\绒毛地毯.jpg"。

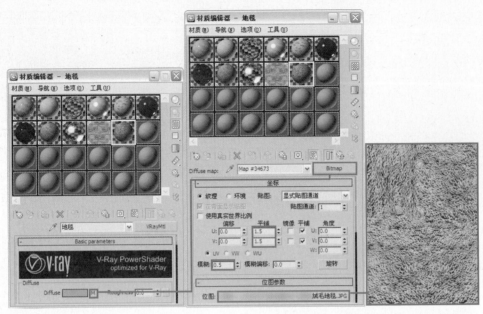

图7.67

19 将材质指定给物体"地毯"，对摄影机视图
进行渲染，地毯的局部效果如图7.68所示。

图7.68

20 最后来设置吊灯。首先设置吊灯发光体材质，选择一个空白材质球，将其设置为 VRayLightMtl
材质，并将其命名为"吊灯发光体"，具体参数设置如图7.69所示。

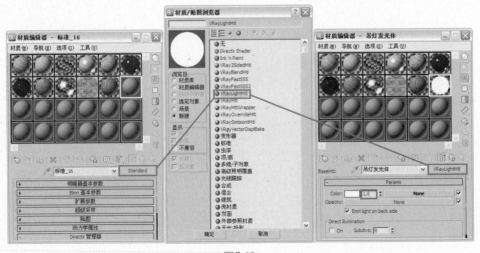

图7.69

21 为了防止发光体影响周围的光照效果，这里为其添加一个 VRayMtlWrapper （VRay包裹）材质来
降低它产生的GI值，具体参数设置如图7.70所示。将材质指定给物体"吊灯发光体"。

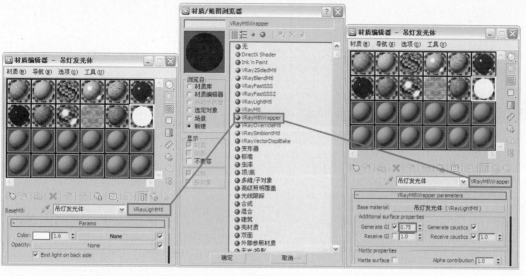

图7.70

22 最后来设置吊灯线材质。选择一个空白材质球，将其设置为VRayMtl材质，并将其命名为"吊灯线"，具体参数设置如图7.71所示。

23 将材质指定给物体"吊灯线"。对摄影机视图进行渲染，吊灯的局部效果如图7.72所示。

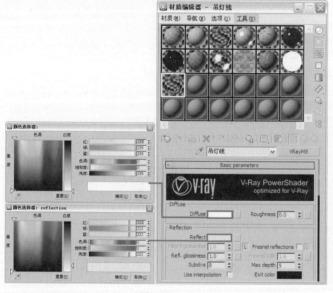

图7.71

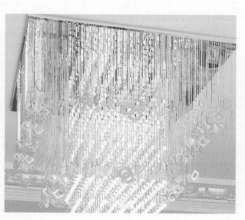

图7.72

至此，场景的灯光测试和材质设置都已经完成，下面将对场景进行最终渲染设置。

Work 7.5 最终渲染设置
3ds Max 2010+VRay
VRay ART ZUI ZHONG XUAN RAN SHE ZHI

7.5.1 最终测试灯光效果

场景中材质设置完毕后需要取消对发光贴图和灯光贴图的调用，再次对场景进行渲染，观察此时的场景效果，如图7.73所示。

观察渲染效果发现场景整体有点暗，下面将通过提高曝光参数来提高场景亮度，参数设置如图7.74所示，再次渲染效果如图7.75所示。

图7.73

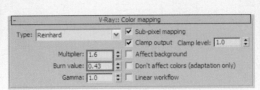
图7.74

图7.75

观察渲染效果，场景光线不需要再调整，接下来设置最终渲染参数。

7.5.2 灯光细分参数设置

01 首先将场景中用来模拟室外天光的VRayLight的灯光细分值设置为20，如图7.76所示。
02 然后将场景中用来模拟筒灯的FPoint灯光的灯光阴影细分值设置为15，如图7.77所示。
03 最后将场景中用来模拟暗藏灯带和补光的VRayLight灯光的灯光细分值设置为15，如图7.78所示。

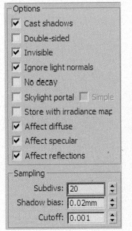
图7.76

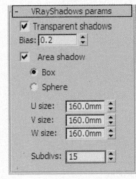
图7.77

图7.78

7.5.3 设置保存发光贴图和灯光贴图的渲染参数

在前面章节中已经讲解过保存发光贴图和灯光贴图的方法，这里就不再重复，只对渲染级别设置进行讲解。

01 进入 V-Ray:: Irradiance map （发光贴图）卷展栏，设置参数如图7.79所示。
02 进入 V-Ray:: Light cache （灯光缓存）卷展栏，设置参数如图7.80所示。

图7.79

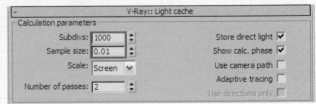
图7.80

03 在 V-Ray:: DMC Sampler （准蒙特卡罗采样器）卷展栏中设置参数如图7.81所示，这是模糊采样设置。

图7.81

渲染级别设置完毕，最后设置保存发光贴图和灯光贴图的参数并进行渲染即可。

7.5.4 最终成品渲染

最终成品渲染的参数设置如下。

01 当发光贴图和灯光贴图计算完毕后，在渲染设置对话框的"公用"选项卡中设置最终渲染图像的输出尺寸，如图7.82所示。

02 在 `V-Ray:: Image sampler (Antialiasing)`（图像采样）卷展栏中设置抗锯齿和过滤器，如图7.83所示。

图7.82

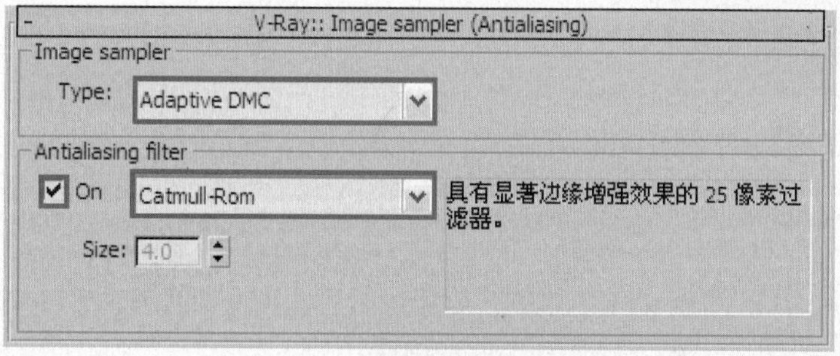

图7.83

03 最终渲染完成的效果如图7.84所示。

图7.84

最后使用Photoshop软件对图像的亮度、对比度及饱和度进行调整，使效果更加生动、逼真。在前面章节中已经对后期处理的方法进行了讲解，这里就不再赘述。后期处理后的最终效果如图7.85所示。

图7.85

7.6 本章附赠模型浏览

本章共附赠12款精美模型，以客厅类场景应用的模型居多，实际上这些模型不仅可以应用到客厅类场景，也可以应用到其他类场景中。

壁灯.max

餐具.max

木盒.max

餐桌椅.max

酒具.max

欧式柜子.max

沙发整体.max

烛台.max

装饰画.max

装饰品1.max

装饰品2.max

装饰品.max

7.7 欧式平层别墅客厅案例赏析

欣赏优秀的案例作品，有利于快速提高自己的审美能力与设计水准，这一点对于效果图制作人员亦然。通过分析这些作品的视角、光线、质感与颜色搭配，就能够在这些方面提升自己的水平。

光盘\教学视频\第8章 挑高别墅大堂.swf

光盘\第8章挑高别墅大堂源文件.max

光盘\第8章挑高别墅大堂效果文件.max

光盘\第8章\单体模型素材（12款）

本章数据

场景模型：60M

单体模型：12款

欣赏场景：8张

学习视频：70分钟

第 **8** 章

简洁而不失大气
——挑高别墅大堂

图8.1

8.1 挑高别墅大堂设计概述

大型油画与豪华水晶吊灯确定了整个大厅的风格。现代的室内设计已不再是一个物质层面的话题，它是社会生活的综合表现。像文化一样不断地引进、变化，欧式装饰风格也在不断地更新进步中，如图8.1所示。

本章案例中所表现的就是一个简洁的欧式挑高别墅大堂空间，黄色这种较为中性的暖色很适用本案例的室内空间，体现出简洁的现代欧式风格，吊顶的应用强调了空间的独立性，超大的落地玻璃窗和玻璃护栏更使整个空间显得十分通透，家具和饰物的搭配和谐统一且不乏新意。

Work 8.2 挑高别墅大堂简介

VRay ART　TIAO GAO BIE SHU DA TANG JIAN JIE

3ds Max 2010+VRay

本章案例展示了一个大堂空间，圆形的灯带配合古典的金属吊灯，用优美的弧线构成客厅天花的装饰图案。弧形楼梯踏步延展室内的错落空间，每个角落都经过精心的设计，制造出丰富的空间层次感。

本场景采用了天光和室内灯光的表现手法，案例效果如图8.2所示。

图8.2

如图8.3所示为挑高别墅大堂模型的线框效果图。
挑高别墅大堂的其他角度渲染效果如图8.4所示。

图8.3

图8.4

下面首先进行测试渲染参数设置，然后进行灯光布置。

Work 8.3 测试渲染参数设置

3ds Max 2010+VRay

VRay ART CE SHI XUAN RAN CAN SHU SHE ZHI

打开本书配套光盘中的"第8章\挑高别墅大堂源文件.max"场景文件，如图8.5所示，可以看到这是一个已经创建好的别墅大堂场景模型，并且场景中摄影机已经创建好了。

下面首先进行测试渲染参数设置，然后为场景布置灯光。灯光布置包括室外阳光、天光及室内人造光源等的创建，其中室外阳光和天光为场景的主要照明光源，对场景的亮度及层次起决定性作用。

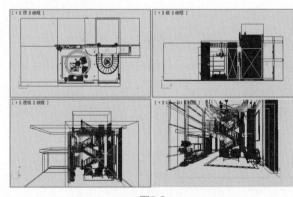
图8.5

8.3.1 设置测试渲染参数

测试渲染参数的设置步骤如下。

01 按F10键打开渲染设置对话框，渲染器已经设置为V-Ray Adv 1.50.SP4渲染器，在 **公用参数** 卷展栏中设置较小的图像尺寸，如图8.6所示。

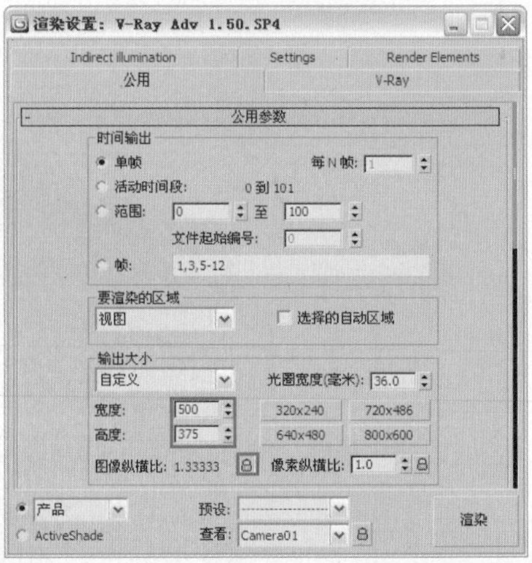

02 进入V-Ray选项卡，**V-Ray:: Global switches** （全局开关）卷展栏中的参数设置如图8.7所示。

图8.6

VRay超写实室内效果图渲染技术全解

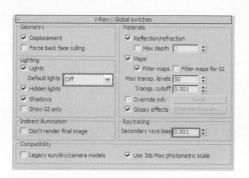

图8.7

⑤ **03** 进入 V-Ray:: Image sampler (Antialiasing) （图像采样）卷展栏中，参数设置如图8.8所示。

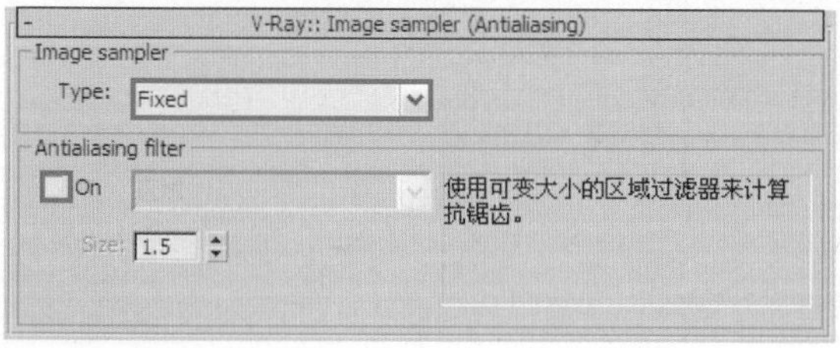

图8.8

⑤ **04** 进入Indirect illumination（间接照明）选项卡，在 V-Ray:: Indirect illumination (GI) （间接照明）卷展栏中设置参数，如图8.9所示。

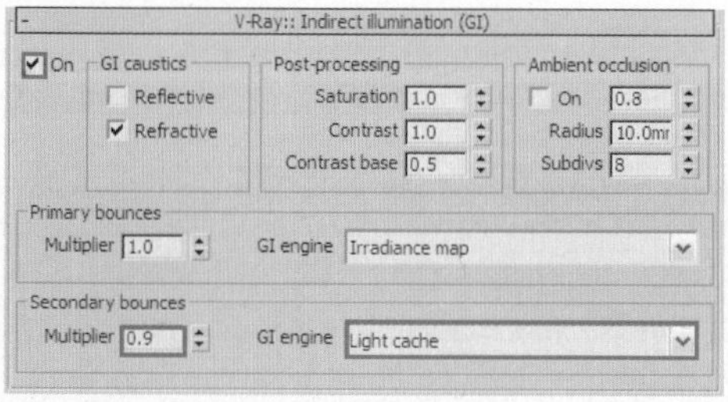

图8.9

⑤ **05** 在 V-Ray:: Irradiance map （发光贴图）卷展栏中设置参数，如图8.10所示。

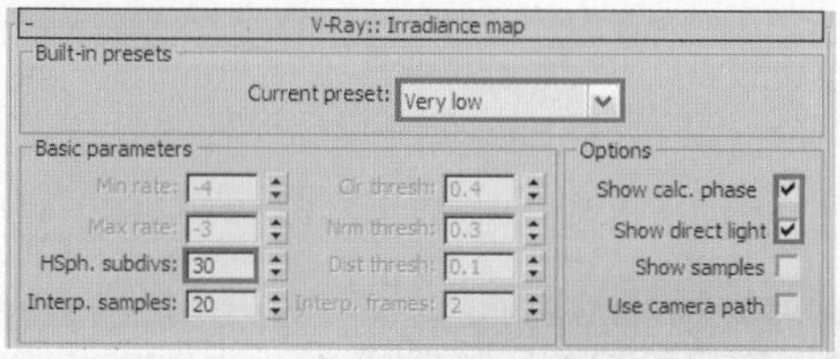

图8.10

⑤ **06** 在 V-Ray:: Light cache （灯光缓存）卷展栏中设置参数，如图8.11所示。

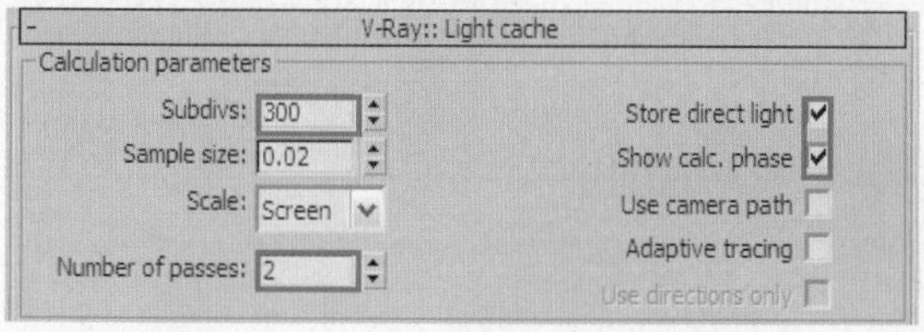

图8.11

本章材质快速浏览

地面

墙面大理石

木质

天花金色

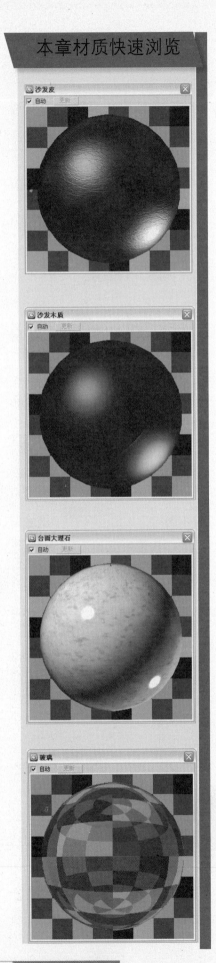

07 下面对环境光进行设置。打开 **V-Ray:: Environment** （环境）卷展栏，在GI Environment (skylight)override（环境天光覆盖）组中勾选On（开启）复选框，如图8.12所示。

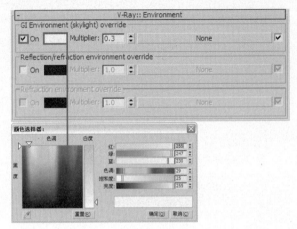

图8.12

8.3.2 布置场景灯光

01 首先来创建室外的天光。单击 （创建）按钮进入创建命令面板，再单击 （灯光）按钮，在打开面板的下拉列表框中保持选择VRay选项，然后在"对象类型"卷展栏中单击 **VRayLight** 按钮，在场景的阳面窗户外部区域创建一盏VRayLight面光源，并通过旋转、移动等工具调整其位置，如图8.13所示。灯光参数设置如图8.14所示。

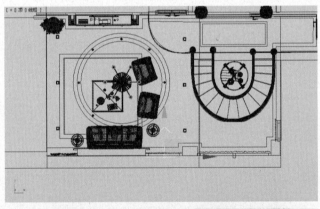

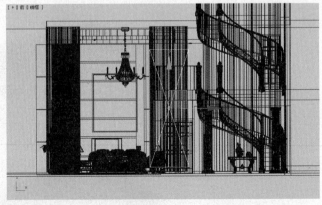

图8.13

VRay超写实室内效果图渲染技术全解

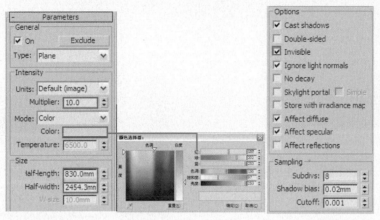

图8.14

02 选择刚刚创建的VRayLight01灯光，通过移动、缩放及旋转等工具将其关联复制出2盏，灯光位置如图8.15所示。

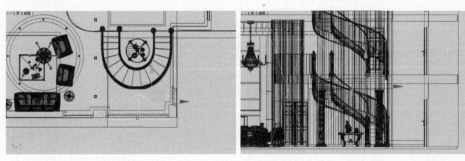

图8.15

03 为了构图的美观，这里采用裁切渲染，具体设置如图8.16所示。

图8.16

04 对摄影机视图进行渲染，灯光效果如图8.17所示。

图8.17

05 从渲染画面可以看到，当前场景靠近窗户处曝光比较严重，下面通过调整场景曝光参数来改善场景亮度。按F10键打开渲染设置对话框，进入V-Ray选项卡，在 V-Ray:: Color mapping （色彩贴图）卷展栏中进行曝光控制，参数设置如图8.18所示，再次渲染效果如图8.19所示。

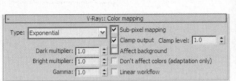

图8.18

图8.19

06 接着设置室外天光。在如图8.20所示位置，创建一盏VRayLight面光源来模拟天光，灯光参数设置如图8.21所示。

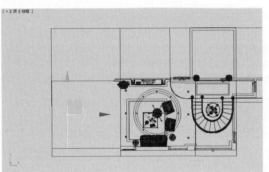
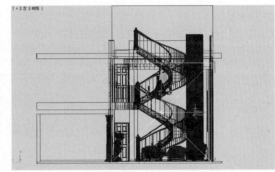

图8.20

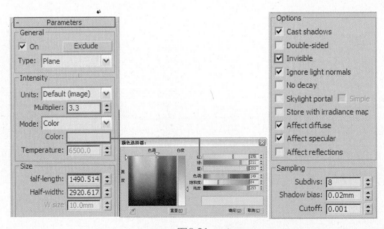

图8.21

07 对摄影机视图进行渲染，灯光效果如图8.22所示。

图8.22

[08] 室外的灯光已创建完毕，下面来创建室内的灯光效果，首先来设置天花板上的筒灯灯光。单击 ✳（创建）按钮进入创建命令面板，单击 🔦（灯光）按钮，在打开面板的下拉列表框中选择 "光度学"选项，然后在"对象类型"卷展栏中单击 自由灯光 按钮，在如图8.23所示位置创建一个自由灯光来模拟天花板的筒灯效果。

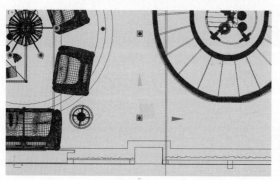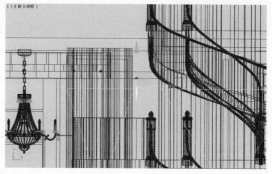

图8.23

[09] 进入修改命令面板对创建的自由灯光参数进行设置，如图8.24所示。光域网文件为配套光盘中的"第8章\maps\30(50000).IES"文件。

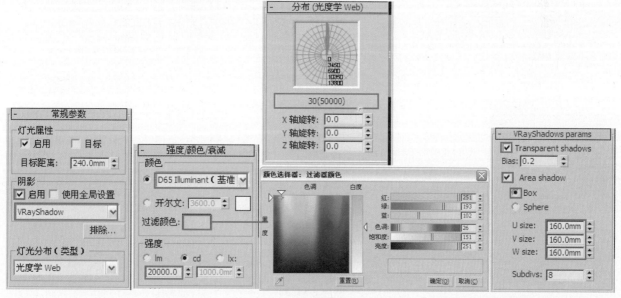

图8.24

[10] 在顶视图，选择刚刚创建的自由灯光FPoint01，并将其关联复制出18盏，位置如图8.25所示。

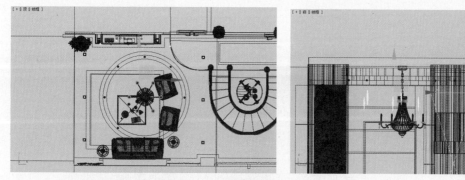

图8.25

[11] 对摄影机视图进行渲染，此时的效果如图8.26所示。

12 接着设置筒灯效果。在如图8.27所示位置
创建一盏自由灯光，灯光参数设置如图
8.28所示。光域网文件为配套光盘中的
"第8章\maps\16.IES"文件。

图8.26

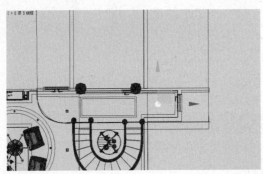
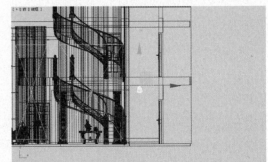

图8.27

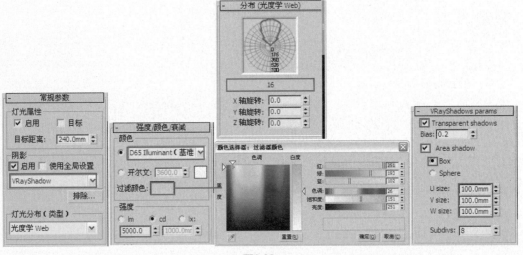

图8.28

13 在顶视图，选择刚刚创建的自由灯光FPoint20，并将其关联复制出6盏，位置如图8.29所示。

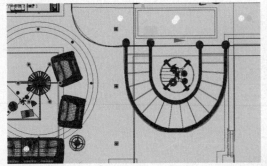

图8.29

14 对摄影机视图进行渲染，此时的效果如图8.30所示。

图8.30

15 接下来设置室内暗藏灯带效果，首先设置圆顶暗藏灯光效果。在如图8.31所示的位置创建一盏VRayLight面光源，灯光的参数设置如图8.32所示。

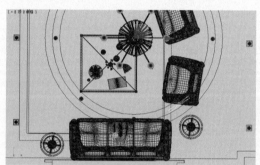 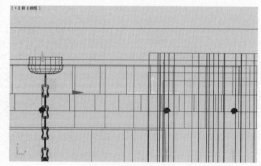

图8.31

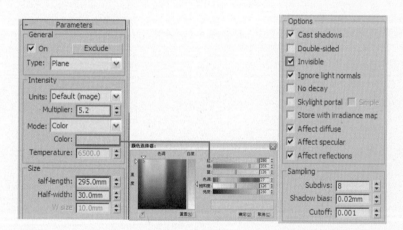

图8.32

16 选择刚刚创建的VRayLight05灯光，利用移动、缩放及旋转等工具，将其关联复制出19盏，灯光位置如图8.33所示。

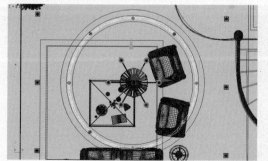 

图8.33

17 此时对摄影机视图进行渲染，效果如图 8.34所示。

图8.34

18 接着设置顶部暗藏灯光。在如图8.35所示的位置创建一盏VRayLight面光源，灯光参数设置如图 8.36所示。

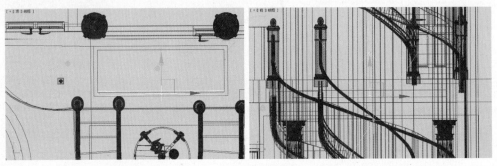

图8.35

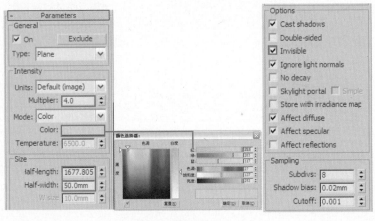

图8.36

19 选择刚刚创建的VRayLight30灯光，利用移动、缩放及旋转等工具将其关联复制出7盏，灯光位 置如图8.37所示。

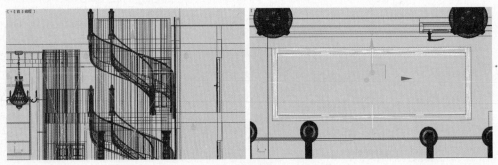

图8.37

20 此时对摄影机视图进行渲染，效果如图
8.38所示。

图8.38

21 装饰墙暗藏灯光的设置。在如图8.39所示的位置创建一盏VRayLight面光源，灯光参数设置如图
8.40所示。

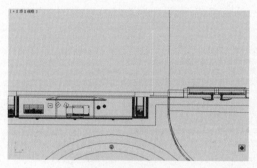 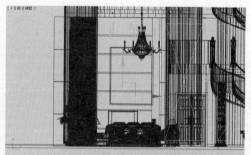

图8.39

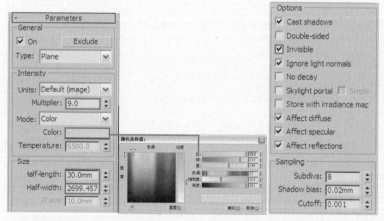

图8.40

22 选择刚刚创建的VRayLight40灯光，利用移动、缩放及旋转等工具将其关联复制出2盏灯光位置
如图8.41所示。

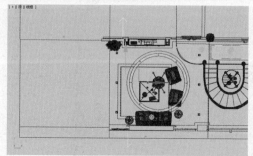 

图8.41

23 此时对摄影机视图进行渲染，效果如图
8.42所示。

图8.42

24 最后设置台灯灯光。在如图8.43所示台灯位置创建一盏VRayLight球形灯光，具体参数设置如图8.44所示。

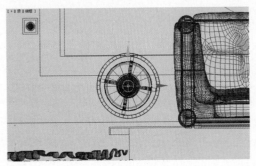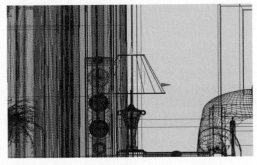

图8.43

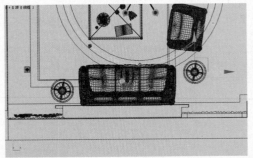

图8.44

25 在顶视图中选择刚刚创建的一盏VRayLight45球形灯光，将其关联复制出1盏，位置如图8.45所示。

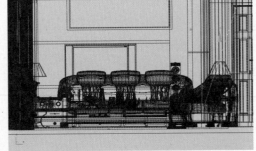

图8.45

VRay超写实室内效果图渲染技术全解

26 对摄影机视图进行渲染，效果如图8.46所示。

图8.46

上面已经对场景的灯光进行了布置，最终测试结果比较满意，测试完灯光效果后，下面进行材质设置。

Work 8.4 设置场景材质

VRay ART SHE ZHI CHANG JING CAI ZHI

3ds Max 2010+VRay

为了提高设置场景材质时的测试渲染速度，可以在灯光布置完毕后对测试渲染参数下的发光贴图和灯光贴图进行保存，然后在设置场景材质时调用保存好的发光贴图和灯光贴图进行测试渲染，从而提高渲染速度。

01 首先来设置地面材质。选择一个空白材质球，将其设置为VRayMtl材质，并将其命名为"地面"，单击Diffuse（漫反射）右侧的贴图按钮，为其添加一个"位图"贴图，具体参数设置如图8.47所示。贴图文件为配套光盘中的"第8章\maps\A323-1(原TGA323-2)副本.jpg"文件。

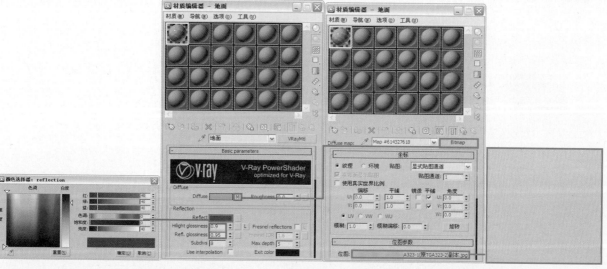

图8.47

02 返回VRayMtl材质层级，进入Maps（贴图）卷展栏，将Diffuse（漫反射）右侧的贴图关联复制到Bump（凹凸）右侧的贴图通道上，具体参数设置如图8.48所示。

03 将材质指定给物体"地面"，对摄影机视图进行渲染，效果如图8.49所示。

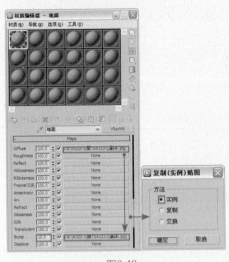

图8.48　　　　　　　　　　　　　　　　　图8.49

04 墙面大理石材质的设置。选择一个空白材质球，将其设置为VRayMtl材质，并将其命名为"墙面大理石"，单击Diffuse（漫反射）右侧的贴图按钮，为其添加一个"位图"贴图。具体参数设置如图8.50所示。贴图文件为配套光盘中的"第8章\maps\55091.JPG"文件。

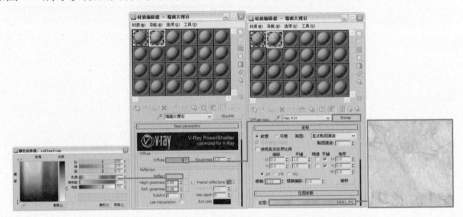

图8.50

05 返回VRayMtl材质层级，进入Maps（贴图）卷展栏，将Diffuse（漫反射）右侧的贴图关联复制到Bump（凹凸）右侧的贴图通道上，具体参数设置如图8.51所示。

06 将材质指定给物体"墙面大理石"，对摄影机视图进行渲染，效果如图8.52所示。

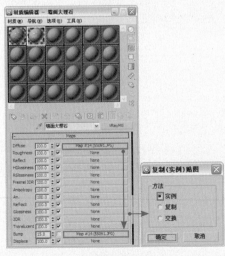

图8.51　　　　　　　　　　　　　　　　　图8.52

07 电视机背景墙木质材质的设置。选择一个空白材质球，将其设置为VRayMtl材质，并将其命名为"木质"，单击Diffuse（漫反射）右侧的贴图按钮，为其添加一个"位图"贴图。具体参数设置如图8.53所示。贴图文件为配套光盘中的"第8章\maps\01木纹.jpg"文件。

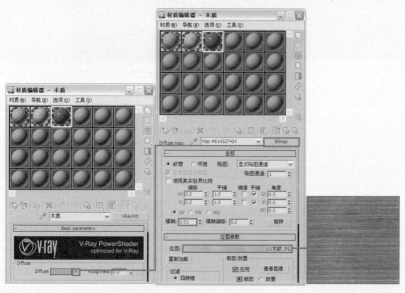

图8.53

08 返回VRayMtl材质层级，单击Reflect（反射）右侧的贴图按钮，为其添加一个"衰减"程序贴图，具体参数设置如图8.54所示。

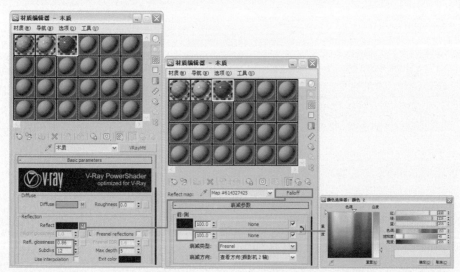

图8.54

09 将材质指定给物体"木质"，对摄影机视图进行渲染，效果如图8.55所示。

图8.55

10 圆顶金箔壁纸材质的设置。选择一个空白材质球，将其设置为VRayMtl材质，并将其命名为"天花金色"，单击Diffuse（漫反射）右侧的贴图按钮，为其添加一个"位图"贴图，具体参数设置如图8.56所示。贴图文件为配套光盘中的"第8章\maps\wp_damask_057.jpg"。

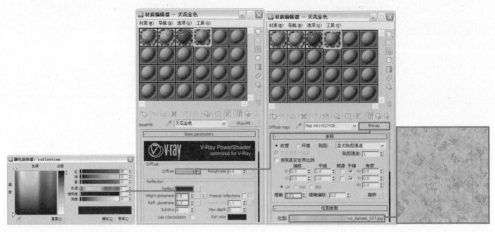

图8.56

11 返回VRayMtl材质层级，进入Maps（贴图）卷展栏，将Diffuse（漫反射）右侧的贴图关联复制到Bump（凹凸）右侧的贴图通道上，具体参数设置如图8.57所示。将材质指定给物体"天花金色"。对摄影机视图进行渲染，壁纸的局部效果如图8.58所示。

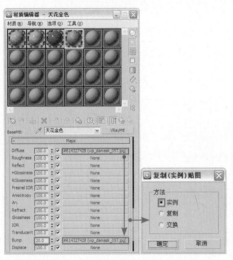

图8.57

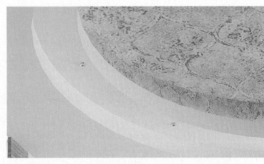

图8.58

12 由于金色壁纸的色彩比较鲜艳，容易产生溢色现象。这里为其添加一个 VRayMtlWrapper （VRay包裹）材质，具体参数设置如图8.59所示。

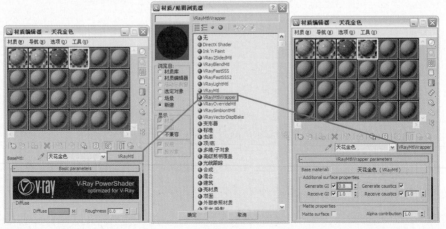

图8.59

13 沙发材质的设置。选择一个空白材质球，将其设置为VRayMtl材质，并将其命名为"沙发皮"。单击Diffuse（漫反射）右侧的贴图按钮，为其添加一个"位图"贴图，具体参数设置如图8.60所示。贴图文件为配套光盘中的"第8章\maps\皮.jpg"。

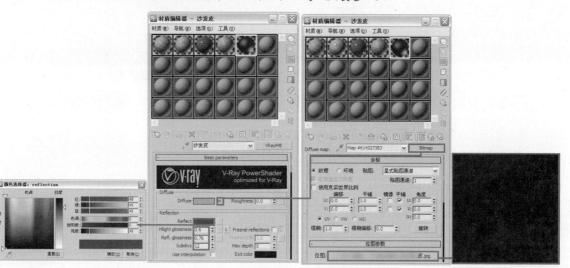

图8.60

14 返回VRayMtl材质层级，进入BRDF（双向反射分布）卷展栏，设置其高光类型如图8.61所示。

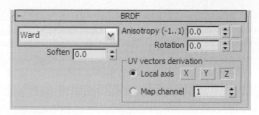

图8.61

15 进入Maps（贴图）卷展栏，将Diffuse（漫反射）右侧的贴图关联复制到Bump（凹凸）右侧的贴图通道上，具体参数设置如图8.62所示。将材质指定给物体"沙发皮"。

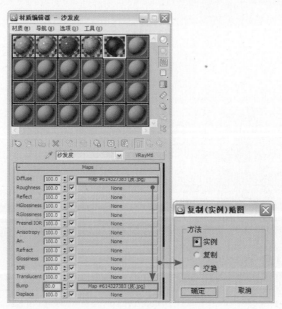

图8.62

16 接着设置沙发木质材质。选择一个空白材质球，将其设置为VRayMtl材质，并将其命名为"沙发木质"，单击Diffuse（漫反射）右侧的贴图按钮，为其添加一个"位图"贴图，具体参数设置如图8.63所示。贴图文件为配套光盘中的"第8章\maps\直纹黑胡桃.jpg"文件。

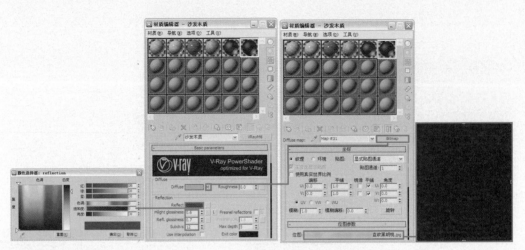

图8.63

17 返回VRayMtl材质层级，进入BRDF（双向反射分布）卷展栏，设置其高光类型如图8.64所示。

18 将材质指定给物体"沙发木质"，对摄影机视图进行渲染，沙发的局部效果如图8.65所示。

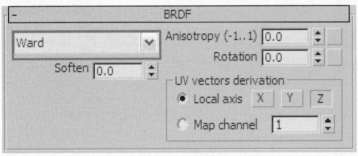

图8.64

图8.65

19 设置电视柜台面大理石材质。选择一个空白材质球，将其设置为VRayMtl材质，并将其命名为"台面大理石"，单击Diffuse（漫反射）右侧的贴图按钮，为其添加一个"位图"贴图，具体参数设置如图8.66所示。贴图文件为配套光盘中的"第8章\maps\粉红麻-.jpg"文件。

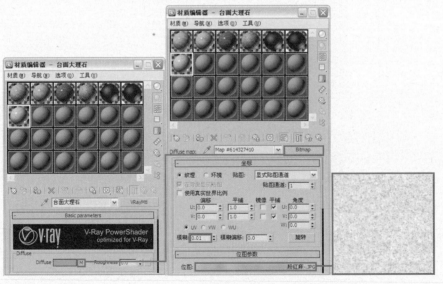

图8.66

20 返回VRayMtl材质层级，单击Reflect（反射）右侧的贴图按钮，为其添加一个"衰减"程序贴图，具体参数设置如图8.67所示。

VRay超写实室内效果图渲染技术全解

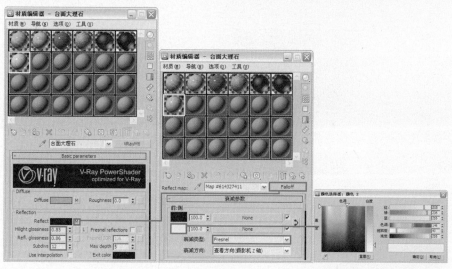

图8.67

21 将材质指定给物体"台面大理石"，对摄影机视图进行渲染，台面的局部效果如图8.68所示。

图8.68

22 楼梯玻璃材质的设置。选择一个空白材质球，将其设置为VRayMtl材质，并将其命名为"玻璃"，具体参数设置如图8.69所示。

23 将材质指定给物体"玻璃"，对摄影机视图进行渲染，效果如图8.70所示。

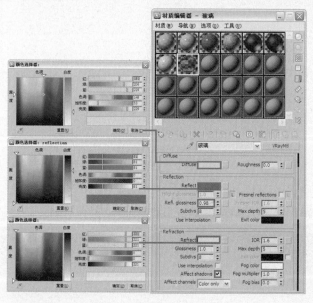

图8.69

图8.70

24 大堂吊灯金属材质的设置，选择一个空白材质球，将其设置为VRayMtl材质，并将其命名为"吊灯金属"，具体参数设置如图8.71所示。将材质指定给物体"吊灯金属"，对摄影机视图进行渲染，吊灯金属的局部效果如图8.72所示。

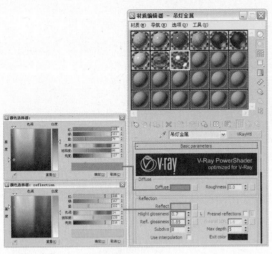

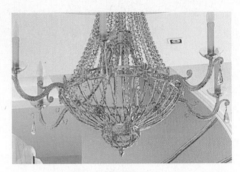

图8.71　　　　　　　　　　　　　　　　　图8.72

25 电视机屏幕材质的设置。选择一个空白材质球，将其设置为VRayMtl材质，并将其命名为"电视机屏幕"，具体参数设置如图8.73所示。将材质指定给物体"电视机屏幕"，对摄影机视图进行渲染，电视机局部效果如图8.74所示。

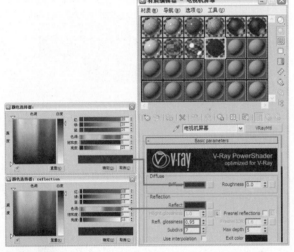

图8.73　　　　　　　　　　　　　　　　　图8.74

26 最后来设置地毯材质。选择一个空白材质球，将其设置为VRayMtl材质，并将其命名为"地毯"，单击Diffuse（漫反射）右侧的贴图按钮，为其添加一个"位图"贴图，具体参数设置如图8.75所示。贴图文件为配套光盘中的"第8章\maps\059花毯.jpg"文件。

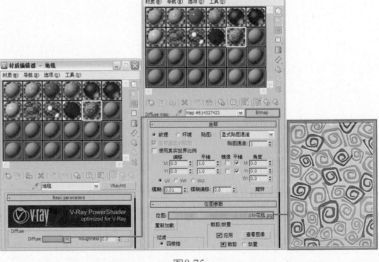

图8.75

27 进入Maps（贴图）卷展栏，将Diffuse（漫反射）右侧的贴图关联复制到Bump（凹凸）右侧的贴图通道上，具体参数设置如图8.76所示。

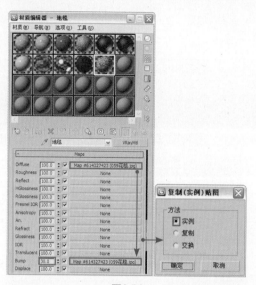

图8.76

28 将材质指定给物体"地毯"，对摄影机视图进行渲染，地毯的局部效果如图8.77所示。

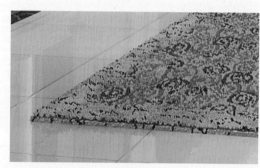

图8.77

至此，场景的灯光测试和材质设置都已经完成，下面将对场景进行最终渲染设置。

Work 8.5 最终渲染设置
VRay ART ZUI ZHONG XUAN RAN SHE ZHI   3ds Max 2010+VRay

8.5.1 最终测试灯光效果

场景中材质设置完毕后需要取消对发光贴图和灯光贴图的调用，再次对场景进行渲染，观察此时的场景效果，如图8.78所示。

图8.78

观察渲染效果发现场景整体有点暗，下面将通过提高曝光参数来提高场景亮度，参数设置如图8.79所示，再次渲染效果如图8.80所示。

图8.79　　　　　　　　　　　　　　　　　图8.80

　　观察渲染效果，场景光线不需要再调整，接下来设置最终渲染参数。

8.5.2　灯光细分参数设置

01 首先将用来模拟室外天光的VRayLight的灯光细分值设置为20，如图8.81所示。

02 然后将所有用来模拟筒灯的FPoint灯光的灯光阴影细分值设置为12，如图8.82所示。

03 最后将场景中用来模拟暗藏灯带和台灯的VRayLight灯光的灯光细分值设置为10，如图8.83所示。

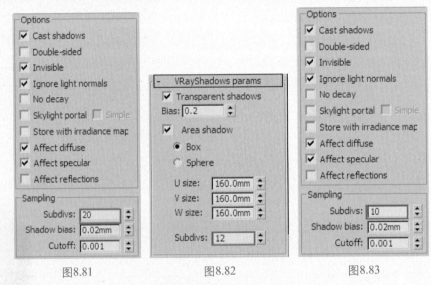

图8.81　　　　　　　　　图8.82　　　　　　　　　图8.83

8.5.3　设置保存发光贴图和灯光贴图的渲染参数

　　在前面章节中已经讲解了保存发光贴图和灯光贴图的方法，这里就不再重复，只对渲染级别设置进行讲解。

01 进入 `V-Ray:: Irradiance map`（发光贴图）卷展栏，设置参数如图8.84所示。

02 进入 `V-Ray:: Light cache`（灯光缓存）卷展栏，设置参数如图8.85所示。

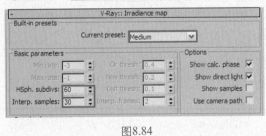

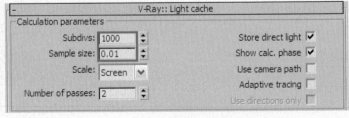

图8.84　　　　　　　　　　　　　　　　图8.85

03 在 `V-Ray:: DMC Sampler`（准蒙特卡罗采样器）卷展栏中设置参数如图8.86所示，这是模糊采样设置。

渲染级别设置完毕，最后设置保存
发光贴图和灯光贴图的参数并进行渲染
即可。

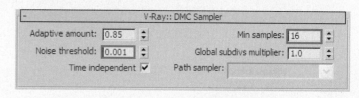

图8.86

8.5.4 最终成品渲染

最终成品渲染的参数设置如下。

01 当发光贴图和灯光贴图计算完毕后，在渲染设置对话框的"公用"选项卡中设置最终渲染图像
的输出尺寸，如图8.87所示。

02 在 `V-Ray:: Image sampler (Antialiasing)`（图像采样）卷展栏中设置抗锯齿和过滤器，如图8.88
所示。

图8.87

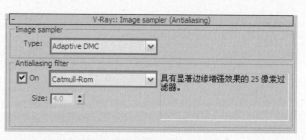

图8.88

03 最终渲染完成的效果如图8.89
所示。

图8.89

最后使用Photoshop软件对图像的
亮度、对比度及饱和度进行调整，使效
果更加生动、逼真。在前面章节中已经
对后期处理的方法进行了讲解，这里就
不再赘述。后期处理后的最终效果如图
8.90所示。

图8.90

本章附赠模型浏览

本章共附赠12款精美模型，以别墅大堂类场景应用的模型居多，实际上这些模型不仅可以应用到别墅大堂类场景，也可以应用到客厅或卧室类场景中。

笔记本.max

单人沙发.max

马饰品.max

沙发.max

象饰品.max

茶几.max

地毯.max

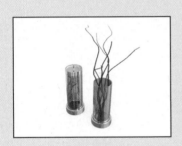

瓶饰.max

台灯.max

台历.max

音箱.max

植物.max

8.7 挑高别墅大堂案例赏析

欣赏优秀的案例作品，有利于快速提高自己的审美能力与设计水准，这一点对于效果图制作人员亦然。通过分析这些作品的视角、光线、质感与颜色搭配，就能够在这些方面提升自己的水平。

光盘\教学视频\第9章 欧式别墅会客厅.swf

光盘\第9章\欧式别墅会客厅源文件.max

光盘\第9章欧式别墅会客厅效果文件.max

光盘\第9章\单体模型素材（12款）

本章数据

场景模型：100M

单体模型：12款

欣赏场景：12张

学习视频：55分钟

第 **9** 章

庄重大气的完美结合
——欧式别墅会客厅

9.1 欧式别墅会客厅设计概述

在古老的欧洲，人们在冬天总喜欢围坐在壁炉边，女主人端坐在宽大的布艺沙发中，漫不经心地品尝着香浓地道的咖啡，这样经典的图像经常在电影画面中见到，宽大的客厅、厚重的沙发是传统欧式家居的一大特点，如图9.1所示。

图9.1

本章案例中所表现的就是一个典型的欧式别墅会客厅空间，6米多高的空间，通过吊顶的设计区分了客厅与楼梯间的范围，高大的落地玻璃窗使空间能够沐浴更多的阳光，壁炉的设计更为整个会客厅空间添加了生活气息。

Work 9.2 欧式别墅会客厅简介
VRay ART OU SHI BIE SHU HUI KE TING JIAN JIE

3ds Max 2010+VRay

本章案例展示了一个欧式别墅会客厅空间，米色基调下的室内设计，开放式的空间规划，空间通透，没有阻隔，视觉延伸舒畅，有着不凡的气势。

本场景采用了日光、天光和室内灯光的表现手法，案例效果如图9.2所示。

图9.2

如图9.3所示为欧式别墅会客厅模型的线框效果图。

图9.3

下面首先进行测试渲染参数设置，然后进行灯光设置。

Work 9.3 测试渲染参数设置

3ds Max 2010+VRay

VRay ART CE SHI XUAN RAN CAN SHU SHE ZHI

打开本书配套光盘中的"第9章\欧式别墅会客厅源文件.max"场景文件，如图9.4所示，可以看到这是一个已经创建好的别墅会客厅场景模型，并且场景中摄影机已经创建好了。

下面首先进行测试渲染参数设置，然后为场景布置灯光。灯光布置包括室外阳光、天光及室内人造光源等的创建，其中室外阳光和天光为场景的主要照明光源，对场景的亮度及层次起决定性作用。

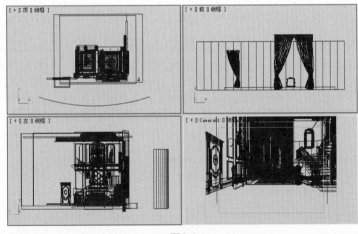

图9.4

9.3.1 设置测试渲染参数

测试渲染参数的设置步骤如下。

01 按F10键打开渲染设置对话框，渲染器已经设置为V-Ray Adv 1.50.SP4渲染器，在 公用参数 卷展栏中设置较小的图像尺寸，如图9.5所示。

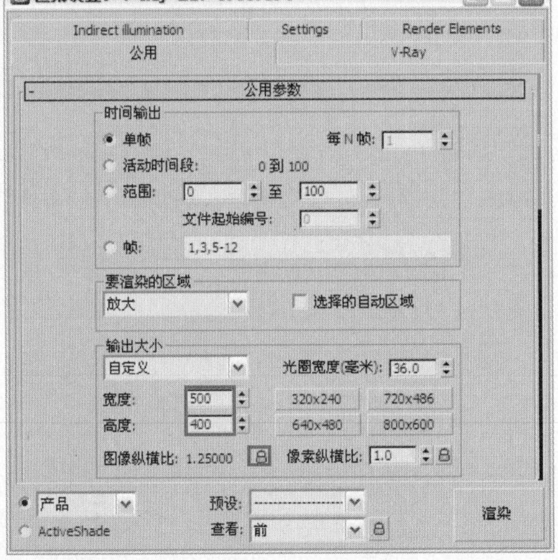

02 进入 V-Ray 选项卡，V-Ray:: Global switches （全局开关）卷展栏中的参数设置如图9.6所示。

图9.5

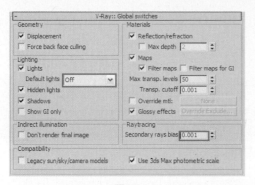

图9.6

03 进入 V-Ray:: Image sampler (Antialiasing) （图像采样）卷展栏中，参数设置如图9.7所示。

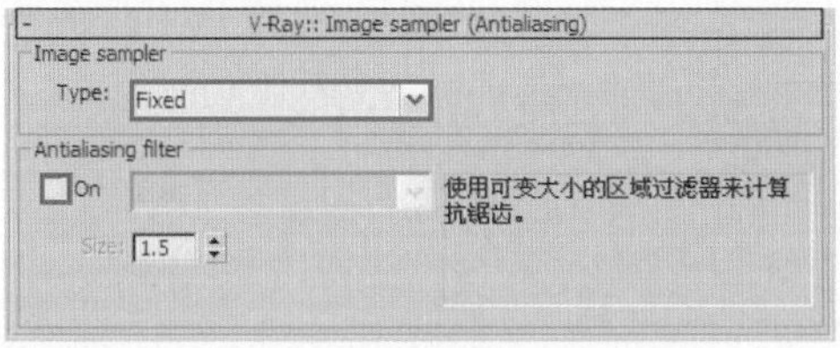

图9.7

04 进入Indirect illumination（间接照明）选项卡中，在 V-Ray:: Indirect illumination (GI) （间接照明）卷展栏中设置参数，如图9.8所示。

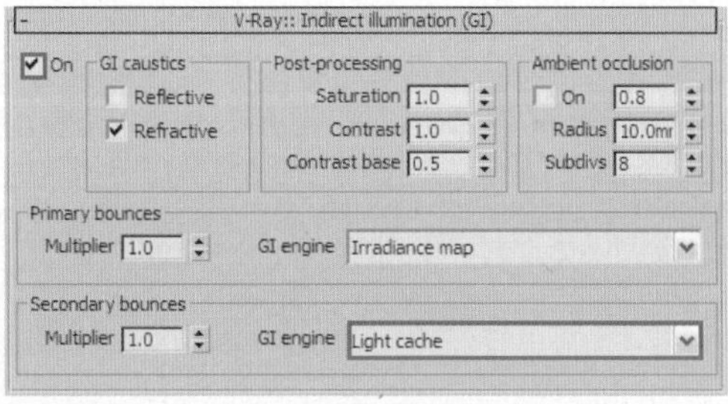

图9.8

05 在 V-Ray:: Irradiance map （发光贴图）卷展栏中设置参数，如图9.9所示。

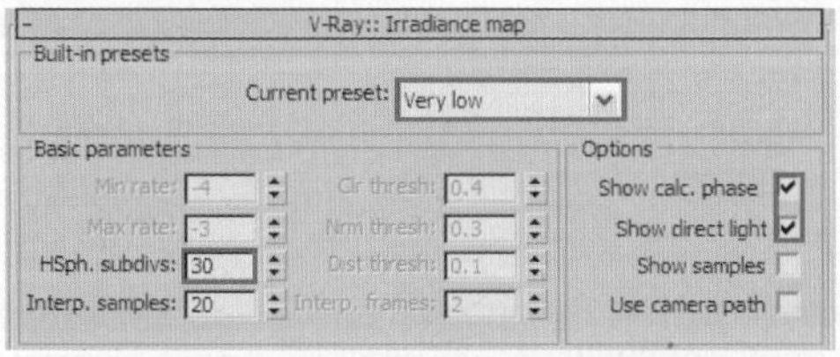

图9.9

06 在 V-Ray:: Light cache （灯光缓存）卷展栏中设置参数，如图9.10所示。

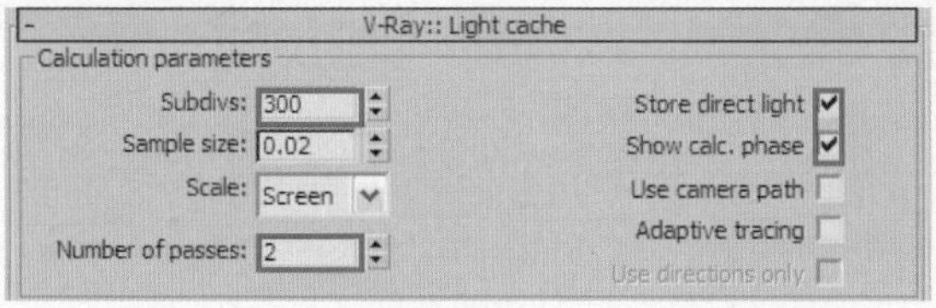

图9.10

本章材质快速浏览

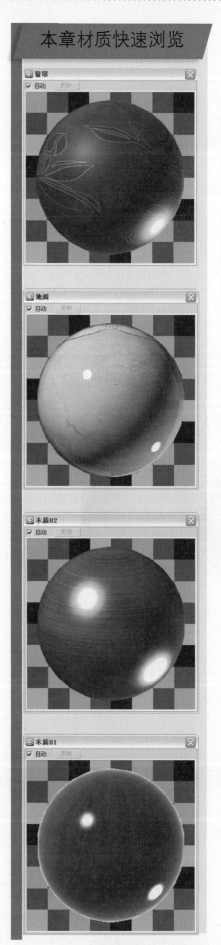

07 下面对环境光进行设置。打开 V-Ray:: Environment （环境）卷展栏，在GI Environment (skylight)override（环境天光覆盖）组中勾选On（开启）复选框，如图9.11所示。

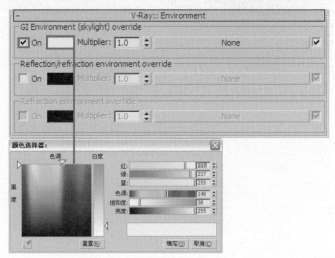

图9.11

9.3.2 布置场景灯光

01 首先创建室外的日光。单击 ※（创建）按钮进入创建命令面板，单击 （灯光）按钮，在打开面板的下拉列表框中选择"标准"选项，然后在"对象类型"卷展栏中单击 目标平行光 按钮，在视图中创建一盏目标平行光，位置如图9.12所示。

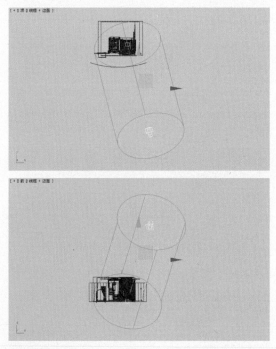

图9.12

02 单击 （修改）按钮进入修改命令面板，具体参数设置如图9.13所示。

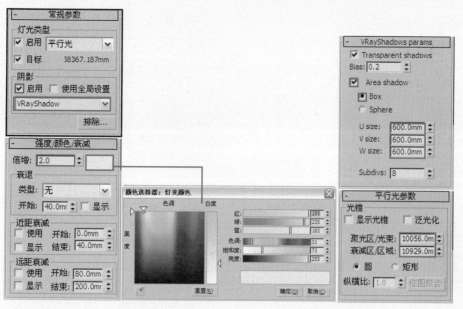

图9.13

03 由于物体"外景"阻挡了阳光进入室内，需在目标平行光照射范围中将其"排除"，参数设置如图9.14所示。

图9.14

04 为了达到更好的视觉效果，这里采用放大渲染，具体设置如图9.15所示。

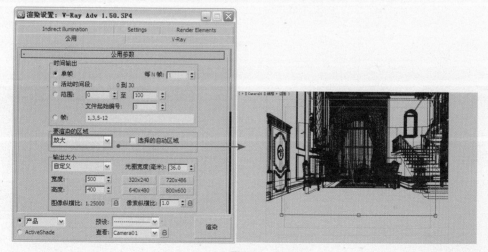

图9.15

05 对摄影机视图进行渲染，灯光效果如图 9.16所示。

图9.16

06 室外阳光创建完毕，下面创建室外的天光。单击 ※（创建）按钮进入创建命令面板，再单击 ◎（灯光）按钮，在打开面板的下拉列表框中保持选择VRay选项，然后在"对象类型"卷展栏中单击 VRayLight 按钮，在场景的阳面窗户外部区域创建一盏VRayLight面光源，并通过旋转、移动等工具调整其位置，如图9.17所示，灯光参数设置如图9.18所示。

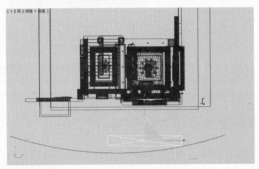 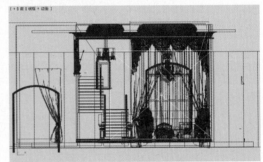

图9.17

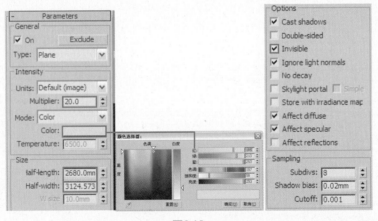

图9.18

07 接着设置天光。在如图9.19所示窗口位置创建一盏VRayLight面光源，具体参数设置如图9.20所示。

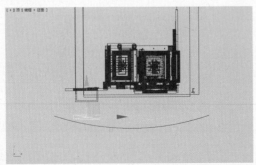 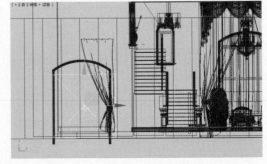

图9.19

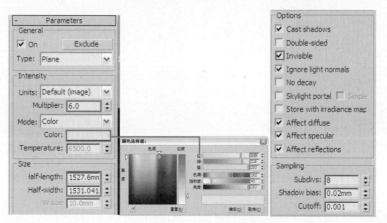

图9.20

08 对摄影机视图进行渲染，效果如图9.21
所示。

图9.21

09 从渲染画面可以看到，当前场景靠近窗户处曝光比较严重，下面通过调整场景曝光参数来改善
场景亮度。按F10键打开渲染设置对话框，进入V-Ray选项卡，在 V-Ray:: Color mapping （色彩
贴图）卷展栏中进行曝光控制，参数设置如图9.22所示，再次渲染效果如图9.23所示。

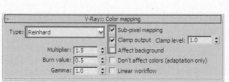

图9.22

图9.23

10 接着设置室外天光。在如图9.24所示位置创建一盏VRayLight面光源模拟天光，灯光参数设置如
图9.25所示。

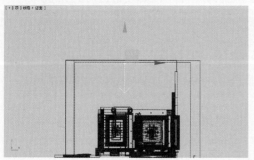
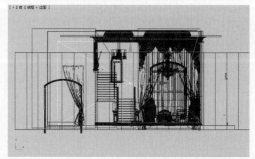

图9.24

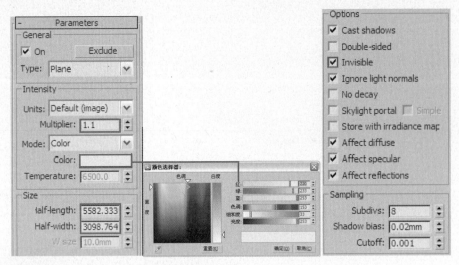

图9.25

11 对摄影机视图进行渲染，效果如图9.26所示。

图9.26

12 室外的灯光已创建完毕，下面来创建室内的灯光效果，首先来设置天花板上的筒灯灯光。单击 ※ （创建）按钮进入创建命令面板，单击 ◁ （灯光）按钮，在打开面板的下拉列表框中选择 "光度学"选项，然后在"对象类型"卷展栏中单击 目标灯光 按钮，在如图9.27所示位置创建一盏目标灯光来模拟天花板筒灯效果。

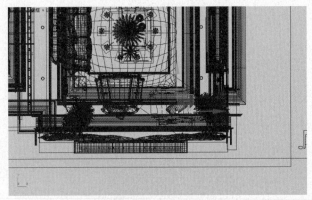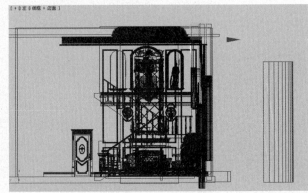

图9.27

13 进入修改命令面板对创建的目标灯光参数进行设置，如图9.28所示。光域网文件为配套光盘中的"第9章\maps\SD-017.IES"文件。

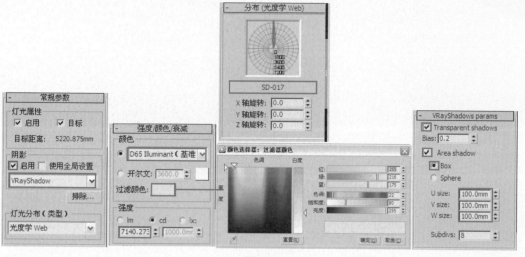

图9.28

14 在顶视图中，选择刚刚创建的目标灯光Point01，并将其关联复制出17盏，位置如图9.29所示。

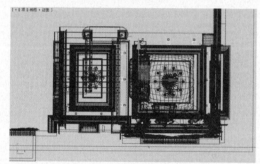
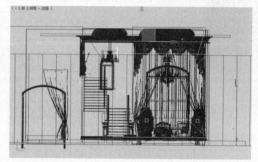

图9.29

15 对摄影机视图进行渲染，此时的效果如图9.30所示。

图9.30

16 接下来设置室内暗藏灯带效果。在如图9.31所示位置创建一盏VRayLight面光源，灯光的参数设置如图9.32所示。

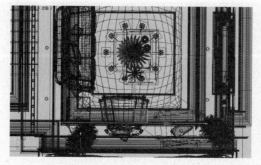
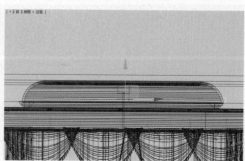

图9.31

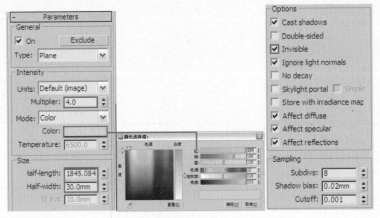

图9.32

17 选择刚刚创建的VRayLight04灯光，利用移动、缩放及旋转等工具，将其关联复制出7盏，灯光位置如图9.33所示。

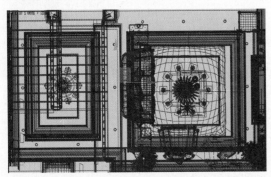

图9.33

18 此时对摄影机视图进行渲染，效果如图9.34所示。

图9.34

上面已经对场景的灯光进行了布置，最终测试结果比较满意，测试完灯光效果后，下面进行材质设置。

Work 9.4 设置场景材质
VRay ART SHE ZHI CHANG JING CAI ZHI
3ds Max 2010+VRay

为了提高设置场景材质时的测试渲染速度，可以在灯光布置完毕后对测试渲染参数下的发光贴图和灯光贴图进行保存，然后在设置场景材质时调用保存好的发光贴图和灯光贴图进行测试渲染，从而提高渲染速度。

01 首先来设置窗帘材质。选择一个空白材质球，将其设置为VRayMtl材质，并将其命名为"窗帘"，单击Diffuse（漫反射）右侧的贴图按钮，为其添加一个"位图"贴图，具体参数设置如图9.35所示。贴图文件为配套光盘中的"第9章\maps\窗帘.jpg"文件。

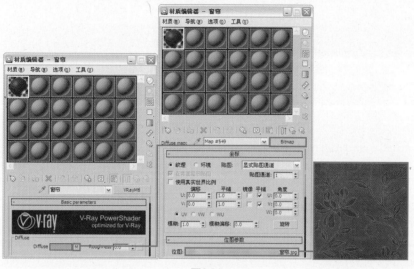

图9.35

02 返回VRayMtl材质层级，单击Reflect（反射）右侧的贴图按钮，为其添加一个"衰减"程序贴图，具体参数设置如图9.36所示。

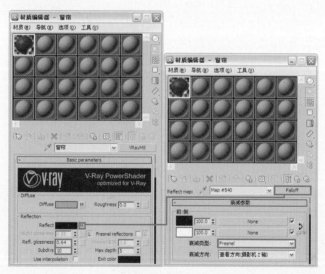

图9.36

03 将材质指定给物体"窗帘"，对摄影机视图进行渲染，效果如图9.37所示。

图9.37

04 接下来设置地面材质。选择一个空白材质球，将其设置为VRayMtl材质，并将其命名为"地面"，单击Diffuse（漫反射）右侧的贴图按钮，为其添加一个"位图"贴图，具体参数设置如图9.38所示。贴图文件为配套光盘中的"第9章\maps\1115910790.jpg"文件。

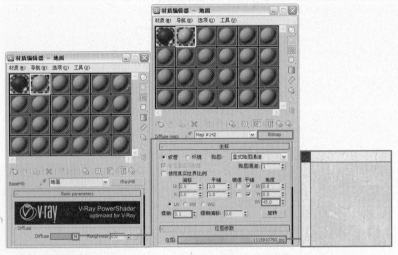

图9.38

05 返回VRayMtl材质层级，单击Reflect（反射）右侧的贴图按钮，为其添加一个"衰减"程序贴图，具体参数设置如图9.39所示。

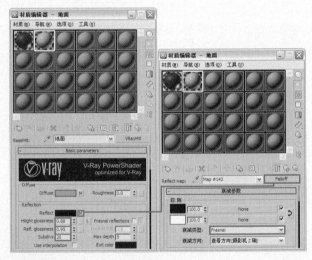

图9.39

06 返回VRayMtl材质层级，进入Maps（贴图）卷展栏，将Diffuse（漫反射）右侧的贴图关联复制到Bump（凹凸）右侧的贴图通道上，具体参数设置如图9.40所示。

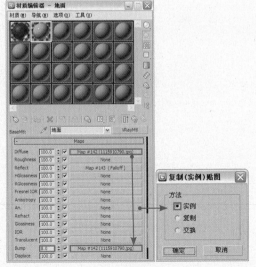

图9.40

07 由于地面的颜色比较鲜艳，容易产生溢色现象，这里为其添加一个包裹材质来解决这个问题，具体参数设置如图9.41所示。

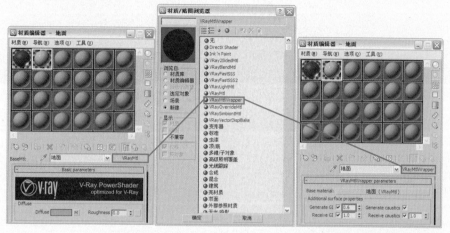

图9.41

08 将材质指定给物体"地面"，对摄影机视图进行渲染，效果如图9.42所示。

图9.42

09 接下来设置门木质材质。选择一个空白材质球，将其设置为VRayMtl材质，并将其命名为"木质01"，单击Diffuse（漫反射）右侧的贴图按钮，为其添加一个"位图"贴图，具体参数设置如图9.43所示。贴图文件为配套光盘中的"第9章\maps\胡桃12.jpg"文件。

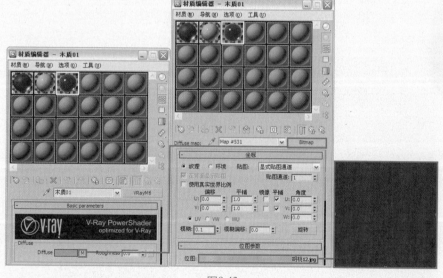

图9.43

10 返回VRayMtl材质层级，单击Reflect（反射）右侧的贴图按钮，为其添加一个"衰减"程序贴图，具体参数设置如图9.44所示。

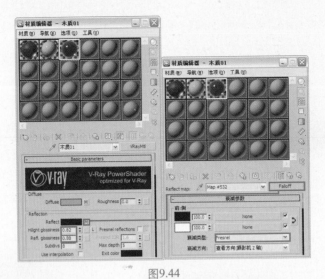

图9.44

11 返回VRayMtl材质层级，进入Maps（贴图）卷展栏，将Diffuse（漫反射）右侧的贴图关联复制到Bump（凹凸）右侧的贴图通道上，具体参数设置如图9.45所示。

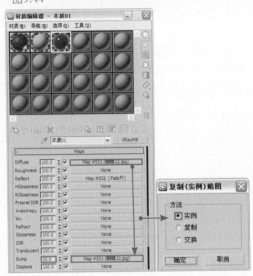

图9.45

12 由于木头的颜色比较暗，为了更好地表现其质感，这里在Environment（环境）贴图通道为其添加一个"输出"程序贴图提高其亮度，具体参数设置如图9.46所示。

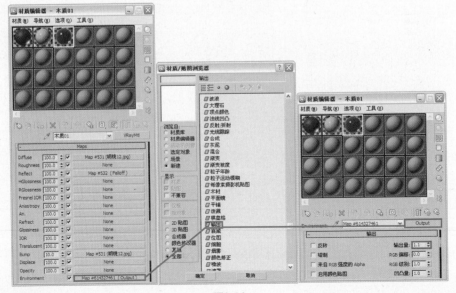

图9.46

13 将材质指定给物体"木质01"，对摄影机视图进行渲染，木质的局部效果如图9.47所示。

图9.47

14 接着设置场景中沙发的木质材质。选择一个空白材质球，将其设置为VRayMtl材质，并将其命名为"木质02"，单击Diffuse（漫反射）右侧的贴图按钮，为其添加一个"位图"贴图，具体参数设置如图9.48所示。贴图文件为配套光盘中的"第9章\maps\柚木-05 副本.jpg"文件。

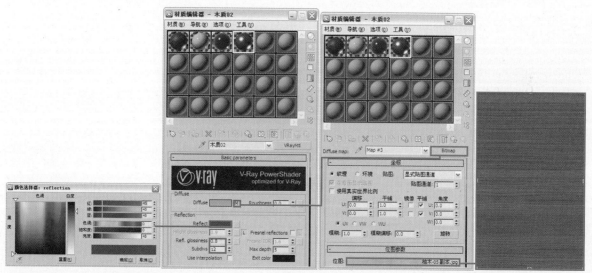

图9.48

15 返回VRayMtl材质层级，进入BRDF（双向反射分布）卷展栏，设置其高光外形如图9.49所示。将材质指定给物体"木质02"，对摄影机视图进行渲染，沙发及茶几的局部效果如图9.50所示。

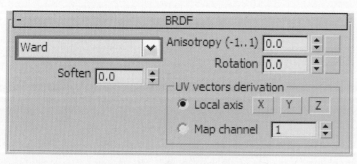

图9.49

图9.50

16 沙发布料材质的设置。选择一个空白材质球，将其设置为VRayMtl材质，并将其命名为"沙发布"，单击Diffuse（漫反射）右侧的贴图按钮，为其添加一个"衰减"程序贴图。在"衰减"层级，单击第一个颜色右侧的贴图按钮，为其添加一个"位图"贴图，具体参数设置如图9.51所示。贴图文件为配套光盘中的"第9章\maps\4.jpg"文件。

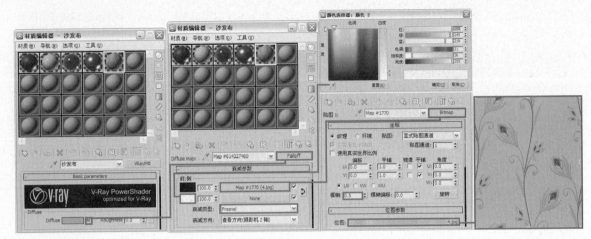

图9.51

17 返回VRayMtl材质层级，单击Bump（凹凸）右侧的贴图通道按钮，为其添加一个"位图"贴图，具体参数设置如图9.52所示。贴图文件为配套光盘中的"第9章\maps\4.jpg"。

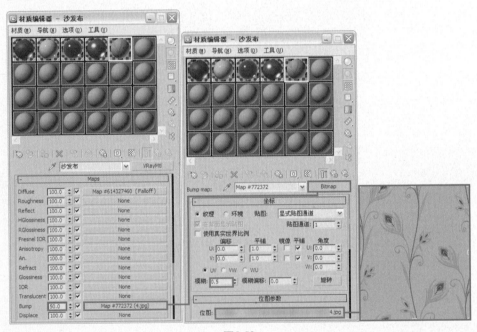

图9.52

18 将材质指定给物体"沙发布"，对摄影机视图进行渲染，布料的局部效果如图9.53所示。

图9.53

19 椅子材质的设置，首先来设置椅子金属材质。选择一个空白材质球，将其设置为VRayMtl材质，并将其命名为"银色金属"，具体参数设置如图9.54所示。将材质指定给物体"椅子金属"。

20 椅子布材质的设置。选择一个空白材质球，将其设置为VRayMtl材质，并将其命名为"椅子布"，单击Diffuse（漫反射）右侧的贴图按钮，为其添加一个"衰减"程序贴图。在"衰减"层级，单击第一个颜色右侧的贴图按钮，为其添加一个"位图"贴图，具体参数设置如图9.55所示。贴图文件为配套光盘中的"第9章\maps\布纹.jpg"文件。

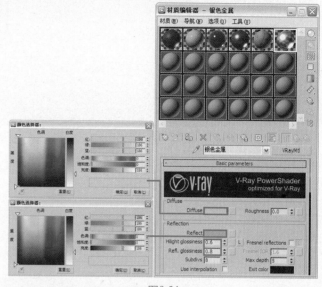

图9.54

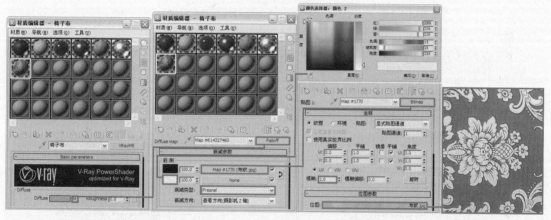

图9.55

21 返回VRayMtl材质层级，单击Bump（凹凸）右侧的贴图通道按钮，为其添加一个"位图"贴图，具体参数设置如图9.56所示。贴图文件为配套光盘中的"第9章\maps\布纹.jpg"文件。

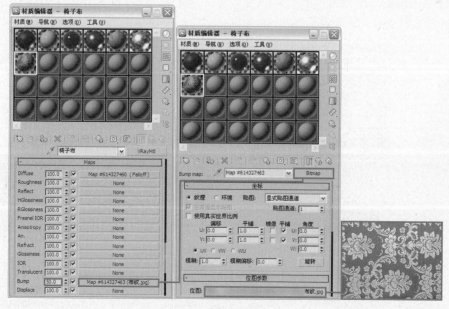

图9.56

22 将材质指定给物体"椅子布",对摄影机视图进行渲染,椅子的效果如图9.57所示。

图9.57

23 咖啡色大理石材质的设置。选择一个空白材质球,将其设置为VRayMtl材质,并将其命名为"咖啡色大理石",单击Diffuse(漫反射)右侧的贴图按钮,为其添加一个"位图"贴图,具体参数设置如图9.58所示。贴图文件为配套光盘中的"第9章\maps\fw.jpg"文件。

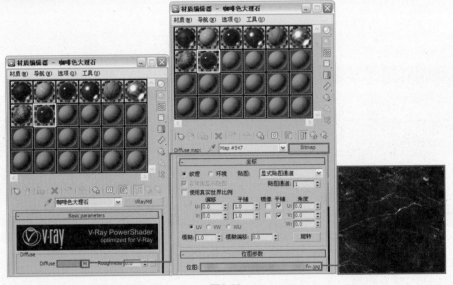

图9.58

24 返回VRayMtl材质层级,单击Reflect(反射)右侧的贴图按钮,为其添加一个"衰减"程序贴图,具体参数设置如图9.59所示。

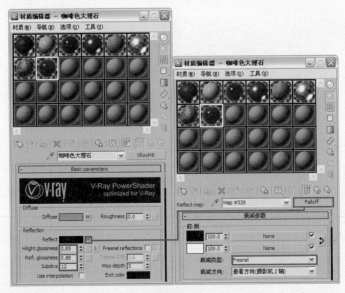

图9.59

VRay超写实室内效果图渲染技术全解

25 由于大理石的颜色比较暗，为了更好地表现其质感，这里在Environment（环境）贴图通道为其添加一个"输出"程序贴图提高其亮度，具体参数设置如图9.60所示。

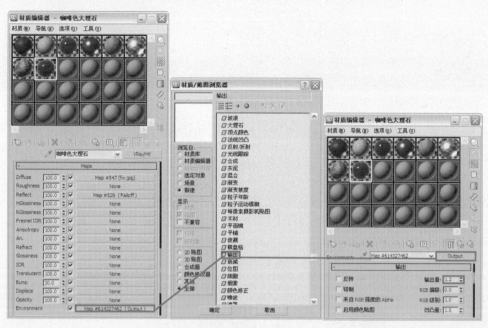

图9.60

26 将材质指定给物体"咖啡色大理石"，对摄影机视图进行渲染，大理石的局部效果如图9.61所示。

27 最后来设置吊灯材质，首先设置吊灯金属材质。选择一个空白材质球，将其设置为VRayMtl材质，并将其命名为"灯具金属"，具体参数设置如图9.62所示。将材质指定给物体"灯具金属"。

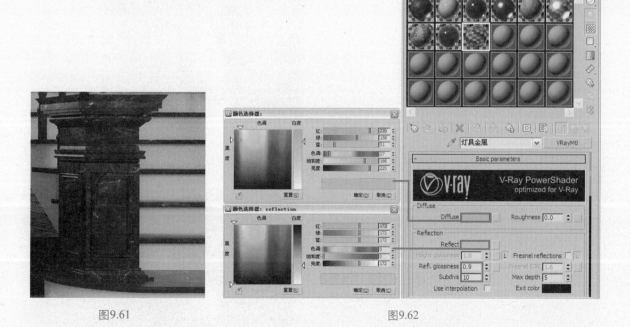

图9.61　　　　　　　　　　　　　　　　　　图9.62

28 吊灯玻璃材质的设置。选择一个空白材质球，将其设置为VRayMtl材质，并将其命名为"吊灯玻璃"，具体参数设置如图9.63所示。

29 将材质指定给物体"吊灯玻璃"，对摄影机视图进行渲染，吊灯的局部效果如图9.64所示。

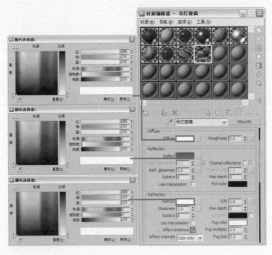

图9.63   图9.64

至此，场景的灯光测试和材质设置都已经完成，下面将对场景进行最终渲染设置。

Work 9.5 最终渲染设置
VRay ART   ZUI ZHON XUAN RAN SHE ZHI
3ds Max 2010+VRay

9.5.1 最终测试灯光效果

场景中材质设置完毕后需要取消对发光贴图和灯光贴图的调用，再次对场景进行渲染，观察此时的场景效果，如图9.65所示。

图9.65

观察渲染效果发现场景整体有点暗，下面将通过提高曝光参数来提高场景亮度，参数设置如图9.66所示，再次渲染效果如图9.67所示。

图9.66   图9.67

VRay超写实室内效果图渲染技术全解

PAGE 232 VRay ART

观察渲染效果，场景光线不需要再调整，接下来设置最终渲染参数。

9.5.2 灯光细分参数设置

01 首先将场景中用来模拟室外阳光的目标平行光的灯光阴影细分值设置为24，如图9.68所示。

02 再将用来模拟室外天光的VRayLight的灯光细分值设置为18，如图9.69所示。

03 然后将场景中用来模拟筒灯的Point灯光的灯光阴影细分值设置为15，如图9.70所示。

04 最后将场景中用来模拟暗藏灯带的VRayLight灯光的灯光细分值设置为10，如图9.71所示。

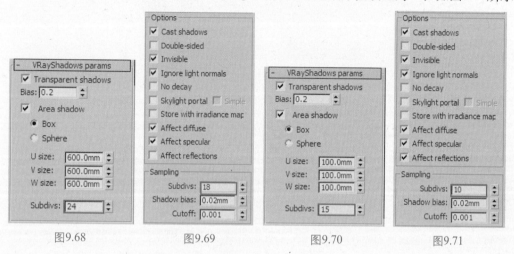

图9.68　　　　　　图9.69　　　　　　图9.70　　　　　　图9.71

9.5.3 设置保存发光贴图和灯光贴图的渲染参数

在前面章节中已经讲解过保存发光贴图和灯光贴图的方法，这里就不再重复，只对渲染级别的设置进行讲解。

01 进入 V-Ray:: Irradiance map （发光贴图）卷展栏，设置参数如图9.72所示。

02 进入 V-Ray:: Light cache （灯光缓存）卷展栏，设置参数如图9.73所示。

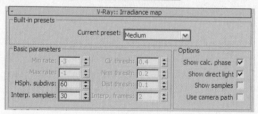

图9.72

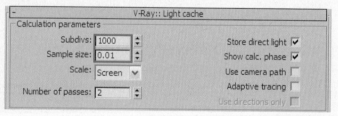

图9.73

03 在 V-Ray:: DMC Sampler （准蒙特卡罗采样器）卷展栏中设置参数如图9.74所示，这是模糊采样设置。

图9.74

渲染级别设置完毕，最后设置保存发光贴图和灯光贴图的参数并进行渲染即可。

9.5.4 最终成品渲染

最终成品渲染的参数设置如下。

01 当发光贴图和灯光贴图计算完毕后，在渲染设置对话框的"公用"选项卡中设置最终渲染图像的输出尺寸，如图9.75所示。

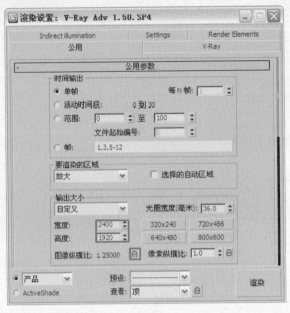

图9.75

02 在 `V-Ray:: Image sampler (Antialiasing)`（图像采样）卷展栏中设置抗锯齿和过滤器，如图9.76所示。

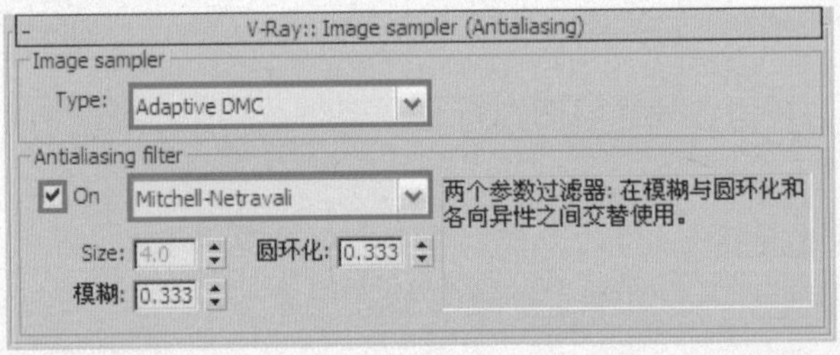

图9.76

03 最终渲染完成的效果如图9.77所示。

最后使用Photoshop软件对图像的亮度、对比度及饱和度进行调整，使效果更加生动、逼真。在前面章节中已经对后期处理的方法进行了讲解，这里就不再赘述。后期处理后的最终效果如图9.78所示。

图9.77

图9.78

本章附赠模型浏览

本章共附赠12款精美模型，以别墅会客厅类场景应用的模型居多，实际上这些模型不仅可以应用到别墅会客厅类场景，也可以应用到客厅或其他类场景中。

布艺沙发套件.max

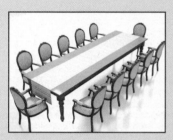

餐桌.max

电话机.max

餐具.max

插花02.max

雕塑1.max

雕塑.max

吊灯01.max

吊灯02.max

钢琴.max

国际象棋.max

门.max

9.7 欧式别墅会客厅案例赏析

欣赏优秀的案例作品，有利于快速提高自己的审美能力与设计水准，这一点对于效果图制作人员亦然。通过分析这些作品的视角、光线、质感与颜色搭配，就能够在这些方面提升自己的水平。

如图10.3所示为KTV豪华包厢模型的线框效果图。

下面首先进行测试渲染参数设置，然后进行灯光设置。

光盘\教学视频\第10章 KTV豪华包厢.swf

光盘\第10章\KTV豪华包厢源文件.max

光盘\第10章\KTV豪华包厢效果文件.max

光盘\第10章\单体模型素材（12款）

Work 10.3 测试渲染参数设置
VRay ART　CE SHI XUAN RAN CAN

打开本书配套光盘中的"第10章\KTV豪华包厢源文件.max"场景文件，如图10.4所示，可以看到这是一个已经创建好的KTV包厢场景模型，并且场景中摄影机已经创建好了。

下面首先进行测试渲染参数设置，然后为场景布置灯光。灯光布置包括室内人造光源等的创建，对场景的亮度及层次起决定性作用。

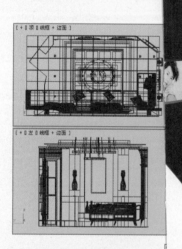

10.3.1 设置测试渲染参数

测试渲染参数的设置步骤如下。

01 按F10键打开渲染设置对话框，渲染器已经设置为V-Ray Adv 1.50.SP4渲染器，在 公用参数 卷展栏中设置较小的图像尺寸，如图10.5所示。

02 进入V-Ray选项卡，在 V-Ray:: Global switches （全局开关）卷展栏中的参数设置如图10.6所示。

图10.5

本章数据
场景模型：50M
单体模型：12款
欣赏场景：8张
学习视频：60分钟

第**10**章

舒适豪放的密闭空间
——KTV豪华包厢

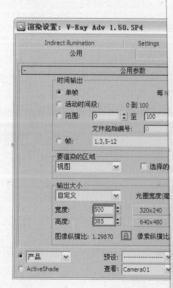

图10.1

金属，如图10.1所示。

　　本章案例中所表现的就是一个典型的KTV豪华包厢空间，造型□□化，使空间很有气氛，墙面镜面材质的使用则让这个本来很小的空□□墙面颜色和谐统一，使人置身其中会十分放松。

Work 10.2 KTV豪华包厢简□
VRay ART KTV HAO HUA BAO

　　本章案例展示了一个KTV豪华包厢空间，除了满足KTV的基本功□□肌理上都实现了平衡感，使整个空间产生一种美感。

　　本场景采用了日光、天光和室内灯光的表现手法，案例效果如图10.2所示。

计的□以列□去，□虑及□吸音□进去□料，□

本章材质快速浏览

镜子
　☑ 自动　更新

沙发
　☑ 自动　更新

靠垫
　☑ 自动　更新

茶几玻璃
　☑ 自动　更新

VRay超写实室内效果图渲染技术全解

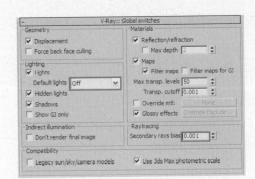

图10.6

03 进入 V-Ray:: Image sampler (Antialiasing) （图像采样）卷展栏，参数设置如图10.7所示。

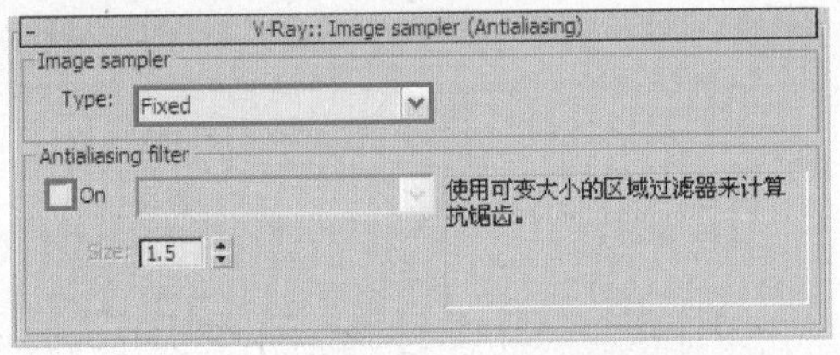

图10.7

04 进入Indirect illumination（间接照明）选项卡中，在 V-Ray:: Indirect illumination (GI) （间接照明）卷展栏中设置参数，如图10.8所示。

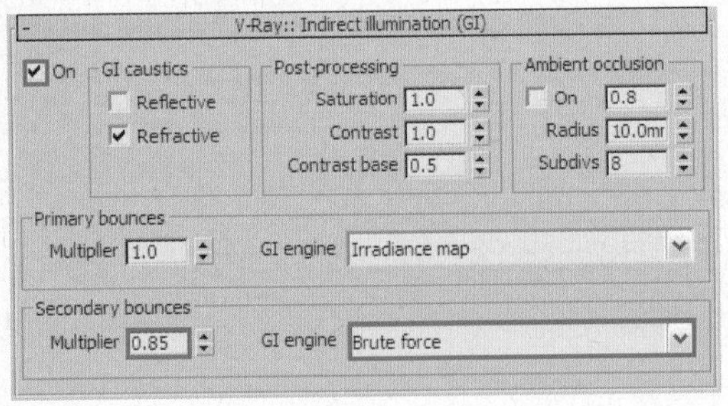

图10.8

05 在 V-Ray:: Irradiance map （发光贴图）卷展栏中设置参数，如图10.9所示。

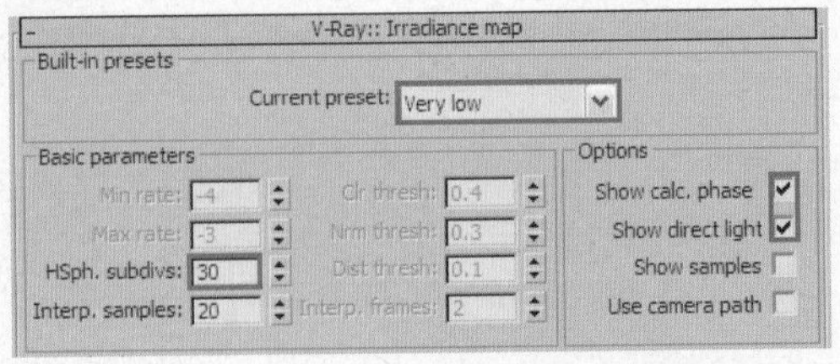

图10.9

06 在 V-Ray:: Light cache （灯光缓存）卷展栏中设置参数，如图10.10所示。

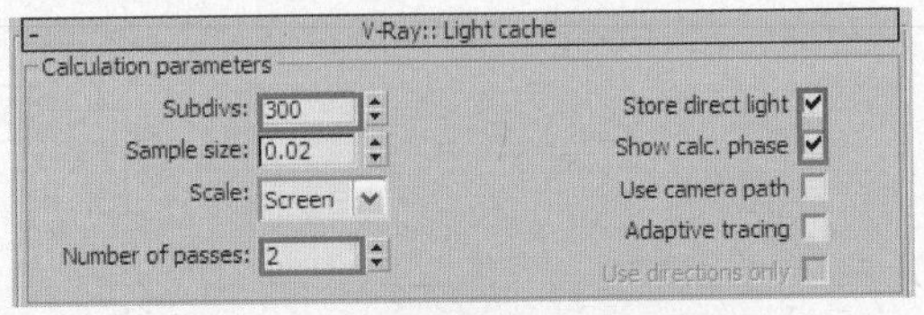

图10.10

07 下面对环境光进行设置。打开 V-Ray:: Environment （环境）卷展栏，在GI Environment (skylight)override（环境天光覆盖）组中勾选On（开启）复选框，如图10.11所示。

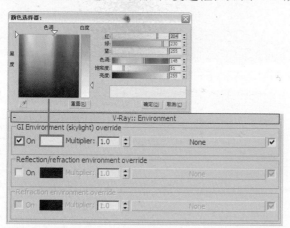

图10.11

10.3.2 布置场景灯光

01 本场景的灯光主要为室内灯光，首先来设置场景中的筒灯效果。单击 ※ （创建）按钮进入创建命令面板，单击 ◁ （灯光）按钮，在打开面板的下拉列表框中选择"光度学"选项，然后在"对象类型"卷展栏中单击 目标灯光 按钮，在如图10.12所示位置创建一盏自由灯光来模拟天花板筒灯效果。

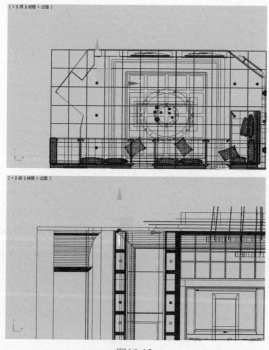

图10.12

02 进入修改命令面板对创建的自由灯光参数进行设置，如图10.13所示。光域网文件为配套光盘中的"第10章\maps\12.IES"文件。

本章材质快速浏览

地面

橡木

金箔壁纸

电视屏幕

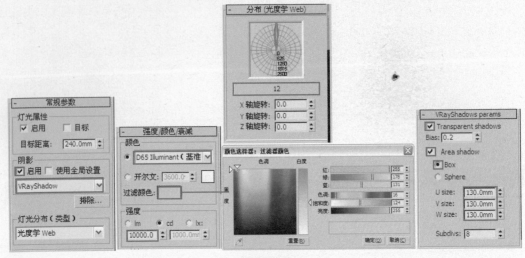

图10.13

03 在顶视图中，选择刚刚创建的自由灯光FPoint01，并将其关联复制出26盏，调整灯光的位置如图10.14所示。

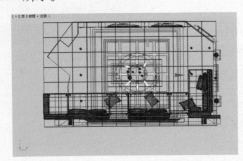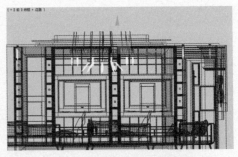

图10.14

04 对摄影机视图进行渲染，此时的效果如图10.15所示。

图10.15

05 从渲染画面可以看到，当前场景靠近窗户处曝光比较严重，下面通过调整场景曝光参数来改善场景亮度。按F10键打开渲染设置对话框，进入V-Ray选项卡，在 V-Ray:: Color mapping （色彩贴图）卷展栏中进行曝光控制，参数设置如图10.16所示，再次渲染效果如图10.17所示。

图10.16

图10.17

06 接下来设置室内暗藏灯带效果。单击 ※（创建）按钮进入创建命令面板，再单击 ◁（灯光）按钮，在打开面板的下拉列表框中保持选择VRay选项，然后在"对象类型"卷展栏中单击 VRayLight 按钮，在如图10.18所示位置创建一盏VRayLight面光源，灯光参数设置如图10.19所示。

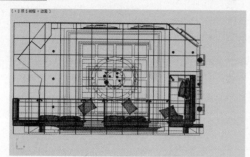

图10.18

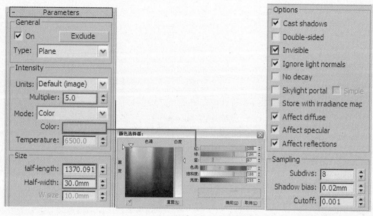

图10.19

07 在顶视图中选择刚刚创建的VRayLight01灯光，通过移动、缩放及旋转等工具，将其关联复制出7盏，灯光位置如图10.20所示。

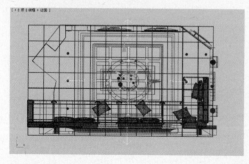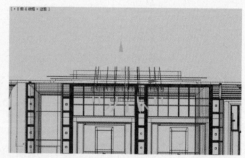

图10.20

08 对摄影机视图进行渲染，此时的效果如图10.21所示。

图10.21

09 接下来设置装饰筒灯效果。在如图10.22所示位置创建一盏自由灯光，灯光的具体参数设置如图10.23所示。光域网文件为配套光盘中的"第10章\maps\25.IES"文件。

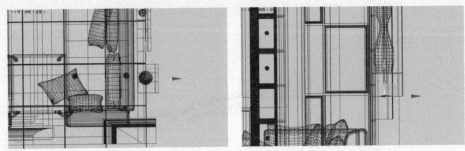

图10.22

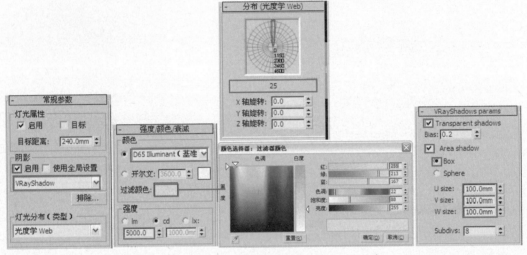

图10.23

10 在左视图中选择刚刚创建的FPoint25灯光，通过移动、旋转等工具将其关联复制出2盏，灯光位置如图10.24所示。

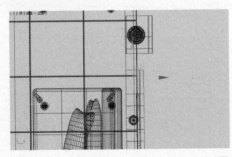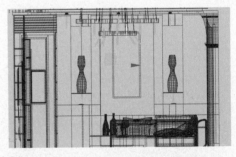

图10.24

11 对摄影机视图进行渲染，此时的效果如图10.25所示。

图10.25

光盘\教学视频\第10章 KTV豪华包厢.swf

光盘\第10章\KTV豪华包厢源文件.max

光盘\第10章\KTV豪华包厢效果文件.max

光盘\第10章\单体模型素材（12款）

本章数据

场景模型：50M

单体模型：12款

欣赏场景：8张

学习视频：60分钟

第**10**章

舒适豪放的密闭空间
——KTV豪华包厢

图10.1

10.1 KTV豪华包厢设计概述

KTV包厢是设计师经常设计的对象，除了设计本身的风格以外还有好多其他因素要考虑进去，灯光的设计、混响环境的考虑及空间的合理运用等，在考虑吸音材料时也应该把沙发布艺算进去，两侧的墙面可使用反射材料，但不宜选用大面积的镜面或金属，如图10.1所示。

本章案例中所表现的就是一个典型的KTV豪华包厢空间，造型别致的吊顶搭配丰富的灯光变化，使空间很有气氛，墙面镜面材质的使用则让这个本来很小的空间有了更多的视觉变化，地面和墙面颜色和谐统一，使人置身其中会十分放松。

Work 10.2 KTV豪华包厢简介
VRay ART KTV HAO HUA BAO XIANG JIAN JIE
3ds Max 2010+VRay

本章案例展示了一个KTV豪华包厢空间，除了满足KTV的基本功能外，整个空间在材质、色彩和肌理上都实现了平衡感，使整个空间产生一种美感。

本场景采用了日光、天光和室内灯光的表现手法，案例效果如图10.2所示。

图10.2

07 下面对环境光进行设置。打开 V-Ray:: Environment （环境）卷展栏，在GI Environment (skylight)override（环境天光覆盖）组中勾选On（开启）复选框，如图10.11所示。

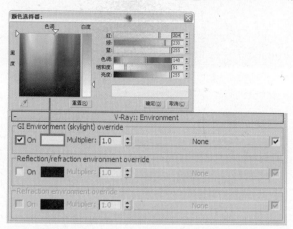

图10.11

10.3.2 布置场景灯光

01 本场景的灯光主要为室内灯光，首先来设置场景中的筒灯效果。单击 （创建）按钮进入创建命令面板，单击 （灯光）按钮，在打开面板的下拉列表框中选择"光度学"选项，然后在"对象类型"卷展栏中单击 目标灯光 按钮，在如图10.12所示位置创建一盏自由灯光来模拟天花板筒灯效果。

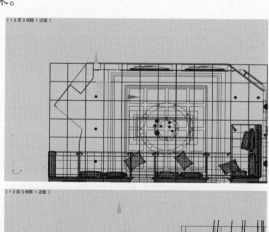

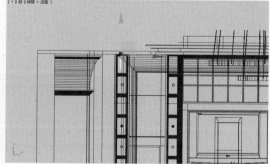

图10.12

02 进入修改命令面板对创建的自由灯光参数进行设置，如图10.13所示。光域网文件为配套光盘中的"第10章\maps\12.IES"文件。

本章材质快速浏览

地面

榉木

金箔壁纸

电视屏幕

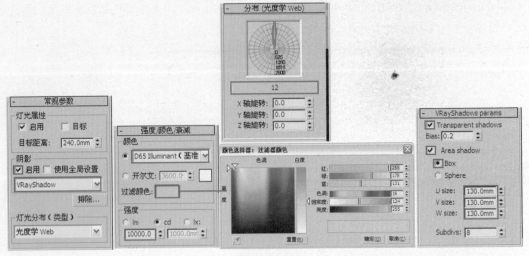

图10.13

03 在顶视图中，选择刚刚创建的自由灯光FPoint01，并将其关联复制出26盏，调整灯光的位置如图10.14所示。

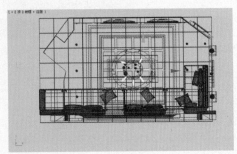 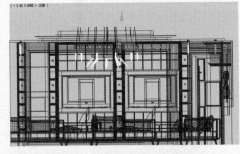

图10.14

04 对摄影机视图进行渲染，此时的效果如图10.15所示。

图10.15

05 从渲染画面可以看到，当前场景靠近窗户处曝光比较严重，下面通过调整场景曝光参数来改善场景亮度。按F10键打开渲染设置对话框，进入V-Ray选项卡，在 V-Ray:: Color mapping （色彩贴图）卷展栏中进行曝光控制，参数设置如图10.16所示，再次渲染效果如图10.17所示。

图10.16

图10.17

12 接着设置电视机灯光。在如图10.26所示位置创建一盏VRayLight面光源来模拟电视光照效果，灯光参数设置如图10.27所示。

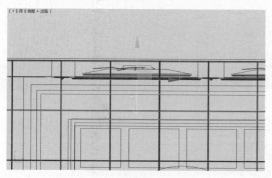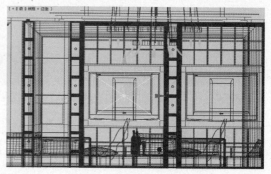

图10.26

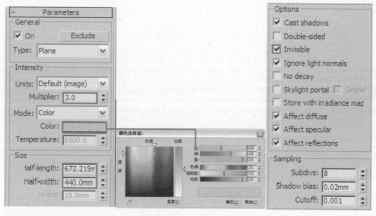

图10.27

13 选择刚刚创建的VRayLight09灯光，将其关联复制出1盏，位置如图10.28所示。

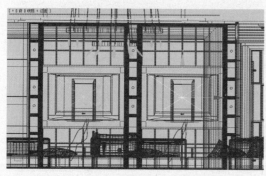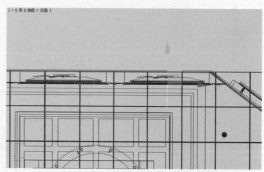

图10.28

14 对摄影机视图进行渲染，效果如图10.29所示。

图10.29

15 茶几装饰灯光的设置。在如图10.30所示位置创建一盏VRayLight面光源，灯光参数设置如图10.31所示。

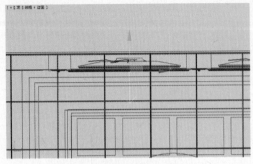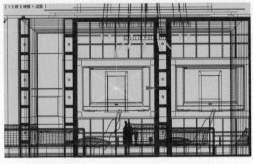

图10.30

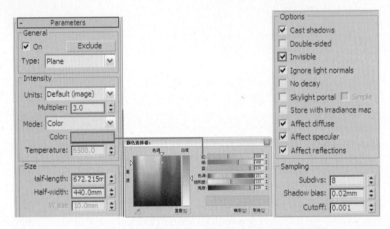

图10.31

16 由于物体"茶几玻璃"没有赋予材质，光线不能正常通过，这里先将其隐藏。对摄影机视图进行渲染，效果如图10.32所示。

图10.32

17 最后设置一盏补光灯光。在如图10.33所示位置创建一盏VRayLight面光源，灯光参数设置如图10.34所示。

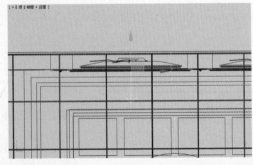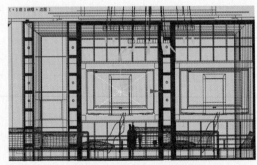

图10.33

VRay超写实室内效果图渲染技术全解

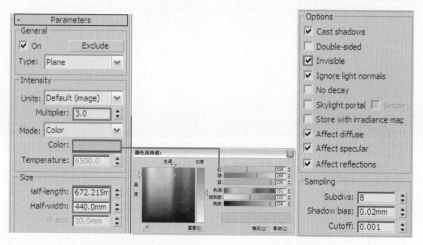

图10.34

18 对摄影机视图进行渲染，效果如图10.35所示。

图10.35

上面已经对场景的灯光进行了布置，最终测试结果比较满意，测试完灯光效果后，下面进行材质设置。

Work 10.4 设置场景材质
VRay ART　SHE ZHI CHANG JING CAI ZHI
3ds Max 2010+VRay

为了提高设置场景材质时的测试渲染速度，可以在灯光布置完毕后对测试渲染参数下的发光贴图和灯光贴图进行保存，然后在设置场景材质时调用保存好的发光贴图和灯光贴图进行测试渲染，从而提高渲染速度。

01 首先来设置地面材质。地面材质由两个部分组成：地砖和地砖缝。这里选用"多维/子对象"材质来制作。选择一个空白材质球，将其设置为"多维/子对象"材质，并将其命名为"地面"，材质球数量设置为2，具体参数设置如图10.36所示。

02 单击ID为1的材质球，进入ID1材质球，将其设置为VRayMtl材质，并将其命名为"地砖缝"，具体参数设置如图10.37所示。

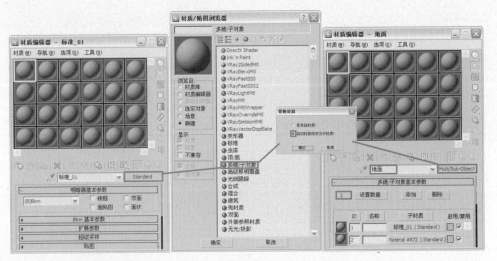

图10.36

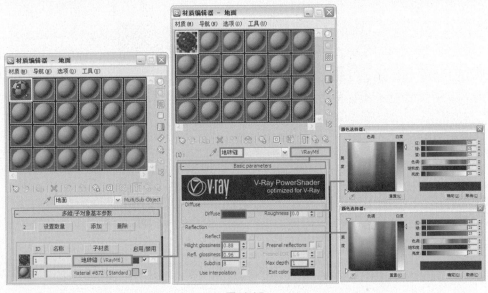

图10.37

03 返回"多维/子对象"材质层级,单击ID为2的材质球,进入ID2材质球,将其设置为VRayMtl材质,并将其命名为"地砖"。单击Diffuse(漫反射)右侧的贴图按钮,为其添加一个"位图"贴图,具体参数设置如图10.38所示。贴图文件为配套光盘中的"第10章\maps\131地面砖.jpg"文件。

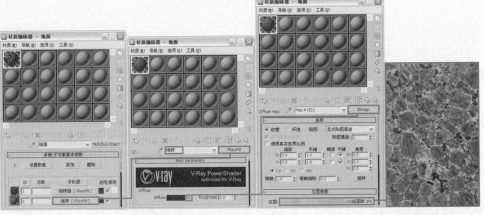

图10.38

04 返回上一材质层级，单击Reflect（反射）右侧的贴图按钮，为其添加一个"衰减"程序贴图，具体参数设置如图10.39所示。

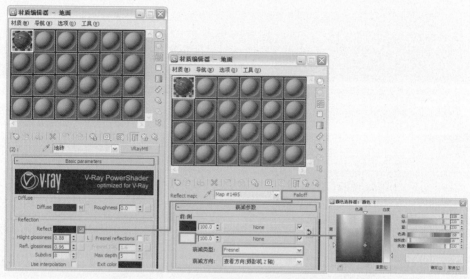

图10.39

05 将制作好的材质指定给物体"地面"，对摄影机视图进行渲染，效果如图10.40所示。

图10.40

06 场景中木质材质的设置。选择一个空白材质球，将其设置为VRayMtl材质，并将其命名为"檀木"。单击Diffuse（漫反射）右侧的贴图按钮，为其添加一个"位图"贴图，具体参数设置如图10.41所示。贴图文件为配套光盘中的"第10章\maps\黑檀#064C.jpg"文件。

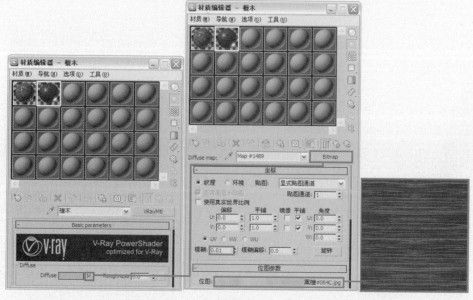

图10.41

07 返回VRayMtl材质层级，单击Reflect（反射）右侧的贴图按钮，为其添加一个"衰减"程序贴图，具体参数设置如图10.42所示。

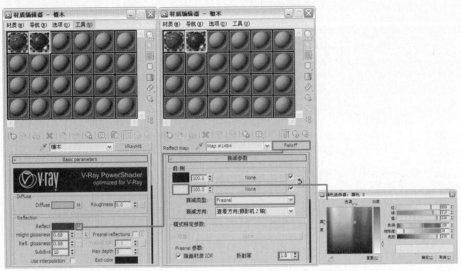

图10.42

08 返回VRayMtl材质层级，进入Maps（贴图）卷展栏，将Diffuse（漫反射）右侧的贴图关联复制到Bump（凹凸）右侧的贴图通道上，具体参数设置如图10.43所示。

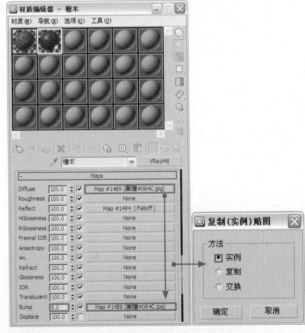

图10.43

09 将材质指定给物体"檀木"，对摄影机视图进行渲染，效果如图10.44所示。

图10.44

⑤ 10 金箔壁纸材质的设置。选择一个空白材质球，将其设置为VRayMtl材质，并将其命名为"金箔壁纸"，单击Diffuse（漫反射）右侧的贴图按钮，为其添加一个"位图"贴图，具体参数设置如图10.45所示。

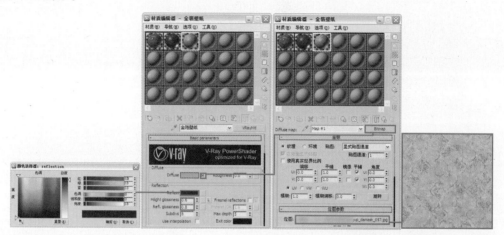

图10.45

⑤ 11 将材质指定给物体"金箔壁纸"，对摄影机视图进行渲染，效果如图10.46所示。

图10.46

⑤ 12 电视机屏幕材质的设置。选择一个空白材质球，将其设置为VRayLight材质，并将其命名为"电视屏幕"，具体参数设置如图10.47所示。

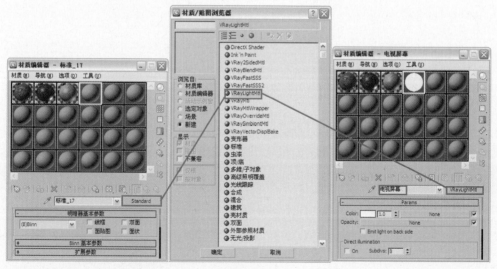

图10.47

⑤ 13 单击Color（色彩）右侧的贴图按钮，为其添加一个"位图"贴图，具体参数设置如图10.48所示。贴图文件为配套光盘中的"第10章\maps\21400765.jpg"文件。

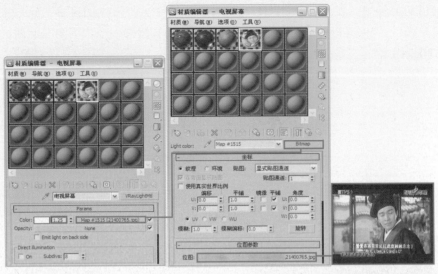

图10.48

14 将材质指定给物体"电视屏幕"，对摄影机视图进行渲染，电视机屏幕的局部效果如图10.49所示。

图10.49

15 镜子材质的设置。选择一个空白材质球，将其设置为VRayMtl材质，并将其命名为"镜子"，具体参数设置如图10.50所示。

16 将材质指定给物体"镜子"，对摄影机视图进行渲染，镜子的局部效果如图10.51所示。

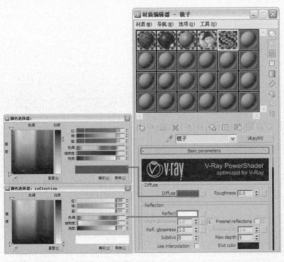

图10.50

图10.51

17 接下来设置沙发布料材质，这里也选用"多维/子对象"材质来制作。选择一个空白材质球，将其设置为"多维/子对象"材质，并将其命名为"沙发"，材质球数量设置为2，具体参数设置如图10.52所示。

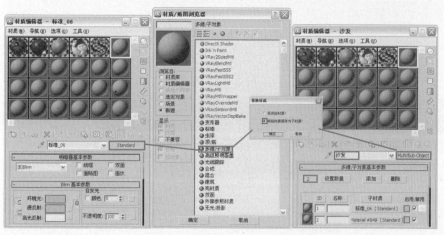

图10.52

18 单击ID为1的材质球，进入ID1材质球，将其设置为VRayMtl材质，并将其命名为"沙发黑"，具体参数设置如图10.53所示。

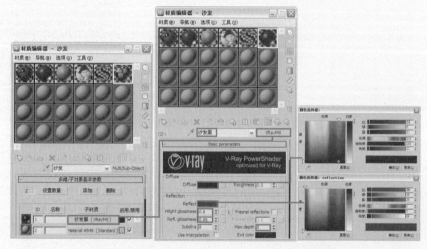

图10.53

19 进入Maps（贴图）卷展栏，单击Bump（凹凸）右侧的贴图通道按钮，为其添加一个"位图"贴图，具体参数设置如图10.54所示。贴图文件为配套光盘中的"第10章\maps\cloth_45.jpg"文件。

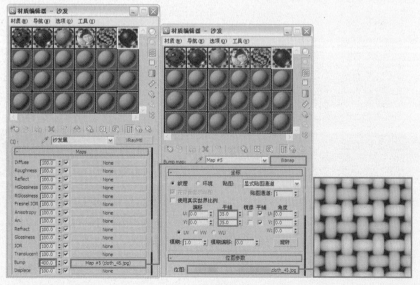

图10.54

20 返回"多维/子对象"材质层级，单击ID为2的材质球，进入ID2材质球，将其设置为VRayMtl材质，并将其命名为"沙发白"，单击Diffuse（漫反射）右侧的贴图按钮，为其添加一个"衰减"程序贴图，具体参数设置如图10.55所示。

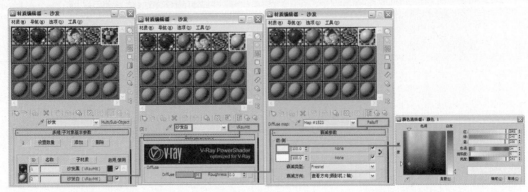

图10.55

21 返回上一材质层级，设置Reflect参数如图10.56所示。

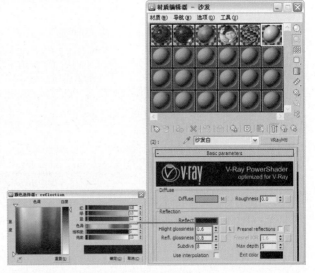

图10.56

22 进入Maps（贴图）卷展栏，单击Bump（凹凸）右侧的贴图按钮，为其添加一个"位图"贴图，具体参数设置如图10.57所示。贴图文件为配套光盘中的"第10章\maps\cloth_45.jpg"文件。

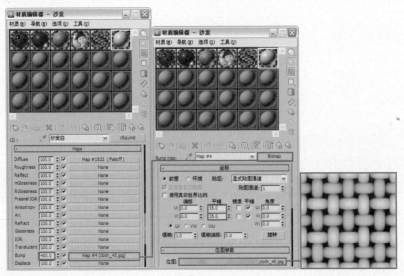

图10.57

23 将材质指定给物体"沙发",对摄影机视图进行渲染,沙发的局部效果如图10.58所示。

图10.58

24 靠垫材质的设置。选择一个空白材质球,将其设置为VRayMtl材质,并将其命名为"靠垫",单击Diffuse(漫反射)右侧的贴图按钮,为其添加一个"衰减"程序贴图。进入"衰减"层级,单击第一个颜色右侧的贴图按钮,为其添加"位图"贴图,具体参数设置如图10.59所示。贴图文件为配套光盘中的"第10章\maps\圈纹.jpg"文件。

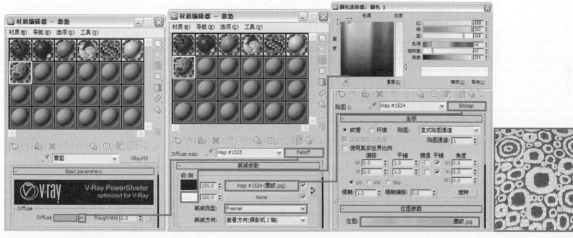

图10.59

25 将材质指定给物体"靠垫",对摄影机视图进行渲染,靠垫的局部效果如图10.60所示。

26 设置场景中的金属材质。选择一个空白材质球,将其设置为VRayMtl材质,并将其命名为"白色金属",具体参数设置如图10.61所示。

图10.60

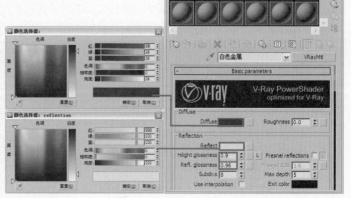

图10.61

27 将材质指定给物体"白色金属"，对摄影机视图进行渲染，白色
金属的局部效果如图10.62所示。

图10.62

28 茶几玻璃材质的设置。选择一个空白材质球，将其设置为VRayMtl材质，并将其命名为"茶几
玻璃"，单击Reflect（反射）右侧的贴图按钮，为其添加一个"衰减"程序贴图，具体参数设
置如图10.63所示。

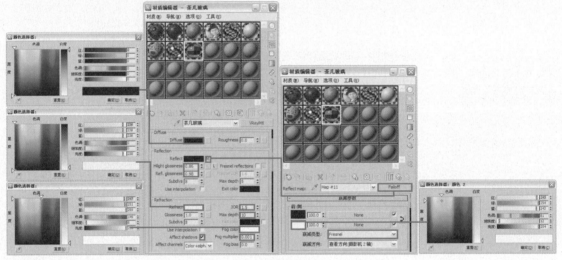

图10.63

29 将物体"茶几玻璃"显示出来，并将材质指定给它，对摄影机视图进行渲染，玻璃的局部效果
如图10.64所示。

30 黑色烤漆材质的设置。选择一个空白材质球，将其设置为VRayMtl材质，并将其命名为"黑色
烤漆"，具体参数设置如图10.65所示。

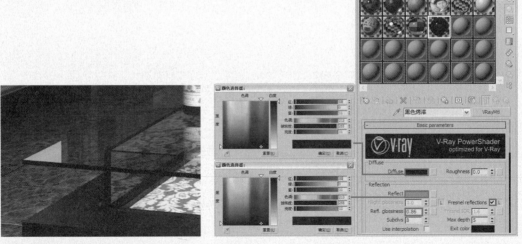

图10.64　　　　　　　　　　　　　　　　　　　　图10.65

31 将材质指定给物体"黑色烤漆",对摄影机视图进行渲染,烤漆的局部效果如图10.66所示。

图10.66

32 墙面装饰画材质的设置。选择一个空白材质球,将其设置为VRayMtl材质,并将其命名为"墙面贴画",单击Diffuse(漫反射)右侧的贴图按钮,为其添加一个"位图"贴图。具体参数设置如图10.67所示。贴图文件为配套光盘中的"第10章\maps\006.jpg"文件。

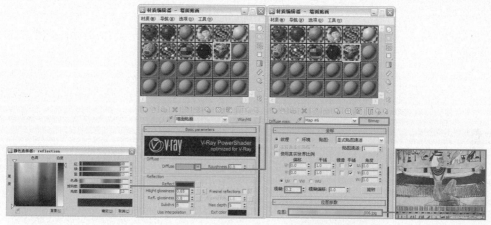

图10.67

33 将材质指定给物体"墙面贴画",对摄影机视图进行渲染,贴画的局部效果如图10.68所示。

图10.68

34 最后来设置装饰画材质。选择一个空白材质球,将其设置为VRayMtl材质,并将其命名为"装饰画",单击Diffuse(漫反射)右侧的贴图按钮,为其添加一个"位图"贴图,具体参数设置如图10.69所示。贴图文件为配套光盘中的"第10章\maps\挂画143.JPG"文件。

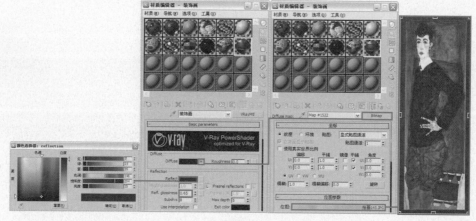

图10.69

35 返回VRayMtl材质层级，进入BRDF（双向反射分布）卷展栏，设置其高光类型如图10.70所示。将材质指定给物体"装饰画"，对摄影机视图进行渲染，装饰画的局部效果如图10.71所示。

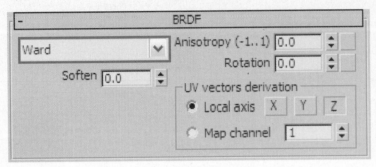

图10.70　　　　　　　　　　　　　　　　图10.71

至此，场景的灯光测试和材质设置都已经完成，下面将对场景进行最终渲染设置。

Work 10.5 最终渲染设置

3ds Max 2010+VRay
VRay ART　ZUI ZHONG XUAN RAN SHE ZHI

10.5.1 最终测试灯光效果

场景中材质设置完毕后需要取消对发光贴图和灯光贴图的调用，再次对场景进行渲染，观察此时的场景效果，如图10.72所示。

图10.72

观察渲染效果，场景光线不需要再调整，接下来设置最终渲染参数。

10.5.2 灯光细分参数设置

01 首先将场景中用来模拟筒灯和装饰灯光的FPoint灯光的灯光阴影细分值设置为16，如图10.73所示。

02 然后将场景中用来模拟暗藏灯带和补光的VRayLight灯光的灯光细分值设置为12，如图10.74所示。

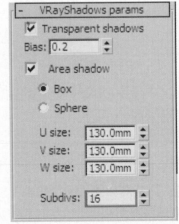

图10.73　　　　　　　　　　　　图10.74

10.5.3 设置保存发光贴图和灯光贴图的渲染参数

在前面章节中已经讲解过保存发光贴图和灯光贴图的方法，这里就不再重复了，只对渲染级别的设置进行讲解。

01 进入 `V-Ray:: Irradiance map` （发光贴图）卷展栏，设置参数如图10.75所示。

02 进入 `V-Ray:: Light cache` （灯光缓存）卷展栏，设置参数如图10.76所示。

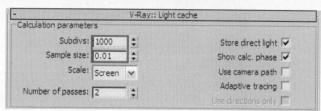

图10.75　　　　　　　　　　　　　　　　　　　图10.76

03 在 `V-Ray:: DMC Sampler` （准蒙特卡罗采样器）卷展栏中设置参数如图10.77所示，这是模糊采样设置。

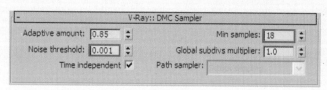

图10.77

渲染级别设置完毕，最后设置保存发光贴图和灯光贴图的参数并进行渲染即可。

10.5.4 最终成品渲染

最终成品渲染的参数设置如下。

01 当发光贴图和灯光贴图计算完毕后，在渲染设置对话框的"公用"选项卡中设置最终渲染图像的输出尺寸，如图10.78所示。

02 在 `V-Ray:: Image sampler (Antialiasing)` （图像采样）卷展栏中设置抗锯齿和过滤器，如图10.79所示。

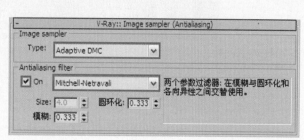

图10.78　　　　　　　　　　　　　　　　　　　图10.79

03 最终渲染完成的效果如图10.80所示。

图10.80

最后使用Photoshop软件对图像的亮度、对比度及饱和度进行调整，使效果更加生动、逼真。在前面章节中已经对后期处理的方法进行了讲解，这里就不再赘述。后期处理后的最终效果如图10.81所示。

图10.81

本章附赠模型浏览

本章共附赠12款精美模型，以KTV包厢类场景应用的模型居多，实际上这些模型不仅可以应用到KTV包厢类场景，也可以应用到客厅或其他类场景中。

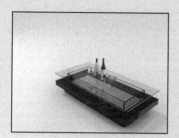

插花01.max

茶几.max

瓷器.max

电视机.max

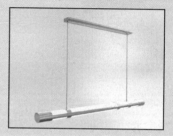

吊灯03.max

吊灯.max

酒具.max

绿植.max

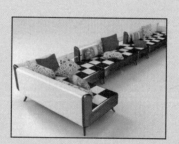

沙发.max

饰品03.max

椅子011.max

装饰品.max

10.7 KTV豪华包厢案例赏析

欣赏优秀的案例作品，有利于快速提高自己的审美能力与设计水准，这一点对于效果图制作人员亦然。通过分析这些作品的视角、光线、质感与颜色搭配，就能够在这些方面提升自己的水平。

光盘\教学视频\第11章 酒店大堂.swf

光盘\第11章\酒店大堂源文件.max

光盘\第11章\酒店大堂效果文件.max

光盘\第11章\单体模型素材（12款）

本章数据

场景模型：30M

单体模型：12款

欣赏场景：8张

学习视频：45分钟

第**11**章

几何体的合理堆砌
——酒店大堂空间表现

图11.1

11.1 酒店大堂空间设计概述

酒店大堂设计不能单纯注重艺术装饰，其实创造丰富的空间造型，讲究科学，追求平和随意、率真自由的境界更重要，也是酒店大堂设计的主要旨意。酒店大堂设计要有一个明确统一的主题，统一可以构成一切美的形式和本质，用统一来规划设计，使构思变得既无价又有内涵，这是每个设计师都应该追求的设计境界，如图11.1所示。

本章案例中所表现的就是一个典型的酒店大堂空间，较高的层高，进行开放式的空间规划，使空间通透、没有阻隔、视觉延伸，拥有不凡的气势，整齐的线条及丰富的几何形状都使整个空间更显简约时尚。

Work 11.2 酒店大堂空间简介

VRay ART   JIU DIAN DA TANG KONG JIAN JIAN JIE

3ds Max 2010+VRay

本章实例是一个现代风格的大堂空间，在宽阔的空间中，白色和黄色和谐搭配，硬朗的直线条既简洁又体现出现代风格的特质。

本场景中采用了天光的表现手法，案例效果如图11.2所示。

图11.2

如图11.3所示为酒店大堂空间模型的线框效果图。

如图11.4所示为酒店大堂模型的另外一个摄影机角度。

图11.3

图11.4

下面首先进行测试渲染参数设置，然后进行灯光设置。

Work 11.3 测试渲染参数设置

VRay ART　CE SHI XUAN RAN CAN SHU SHE ZHI　3ds·Max 2010+VRay

打开配套光盘中的"第11章\酒店大堂源文件.max"场景文件，如图11.5所示，可以看到这是一个已经创建好的酒店大堂场景模型，并且场景中摄影机已经创建好了。

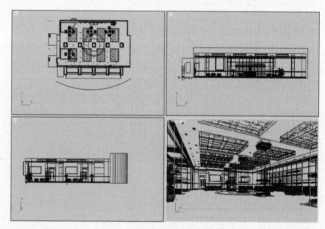

下面首先进行测试渲染参数设置，然后进行灯光布置。灯光布置主要包括天光和室内光源的建立。

图11.5

11.3.1 设置测试渲染参数

测试渲染参数的设置步骤如下。

🔘 **01** 按F10键打开渲染设置对话框，渲染器已经设置为V-Ray Adv 1.50.SP4渲染器，在 公用参数 卷展栏中设置较小的图像尺寸，如图11.6所示。

图11.6

本章材质快速浏览

白色乳胶漆

白瓷花瓶

地面拼花

靠垫

VRay超写实室内效果图渲染技术全解

02 进入V-Ray选项卡，V-Ray:: Global switches （全局开关）卷展栏中的参数设置如图11.7所示。

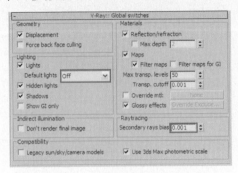

图11.7

03 进入 V-Ray:: Image sampler (Antialiasing) （图像采样）卷展栏中，参数设置如图11.8所示。

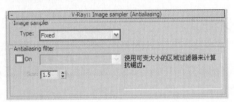

图11.8

04 进入到Indirect illumination（间接照明）选项卡中，在 V-Ray:: Indirect illumination (GI) （间接照明）卷展栏中设置参数，如图11.9所示。

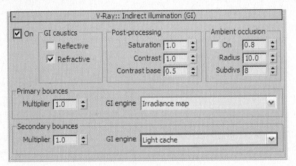

图11.9

05 在 V-Ray:: Irradiance map （发光贴图）卷展栏中设置参数，如图11.10所示。

图11.10

06 在 V-Ray:: Light cache （灯光缓存）卷展栏中设置参数，如图11.11所示。

PAGE 266 **VRay ART**

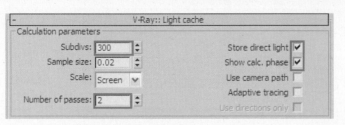

图11.11

> **Note 提 示 11** 预设测试渲染参数是根据自己的经验和电脑本身的硬件配置得到的一个相对低的渲染设置，读者在这里可以作为参考，也可以自己尝试一些其他的参数设置。

11.3.2 布置场景灯光

本场景光线来源主要为天光和室内光源，在为场景创建灯光前，首先用一种白色材质覆盖场景中的所有物体，这样便于观察灯光对场景的影响。

01 按M键打开材质编辑器对话框，选择一个空白材质球，单击其 `Standard` （标准）按钮，在弹出的"材质/贴图浏览器"对话框中选择 VRayMtl 材质，将材质命名为"替换材质"，具体参数设置如图11.12所示。

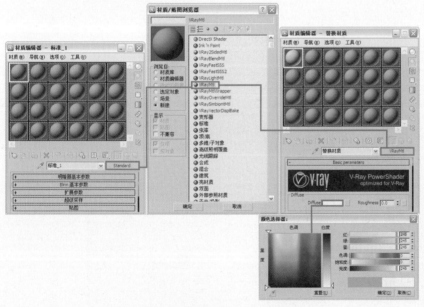

图11.12

02 按F10键打开渲染设置对话框，进入V-Ray选项卡，在 `V-Ray:: Global switches` （全局开关）卷展栏中，勾选Override mtl（覆盖材质）前的复选框，然后进入材质编辑器对话框，将替换材质的材质球拖曳到Override mtl右侧的None（无）贴图通道按钮上，并以实例方式进行关联复制，具体参数设置如图11.13所示。

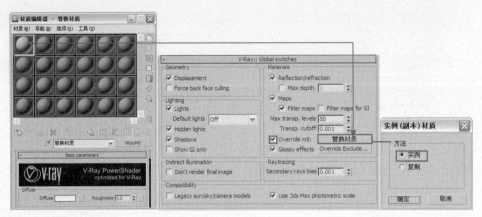

图11.13

03 首先为场景创建天光。在场景中创建一盏VRayLight灯光，灯光位置如图11.14所示。

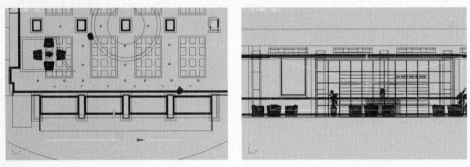

图11.14

04 灯光参数设置如图11.15所示。

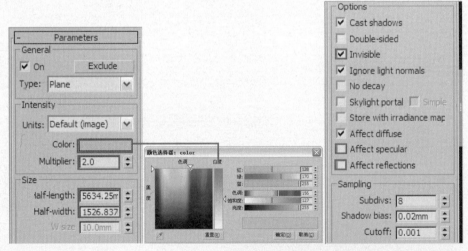

图11.15

05 对摄影机视图进行渲染，此时的灯光
效果如图11.16所示。

图11.16

VRay超写实室内效果图渲染技术全解

06 下面创建顶棚处的筒灯灯光。单击 ☀ （创建）按钮进入创建命令面板，单击 🔦 （灯光）按钮，在打开面板的下拉列表框中选择"光度学"选项，然后在"对象类型"卷展栏中单击 自由灯光 按钮，在如图11.17所示位置创建一盏自由灯光来模拟室内的筒灯灯光效果。

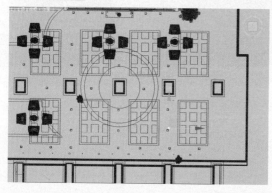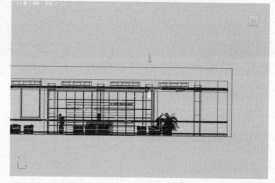

图11.17

07 进入修改命令面板对创建的自由灯光参数进行设置，如图11.18所示。光域网文件为配套光盘中的"第11章\maps\555119_.IES"文件。

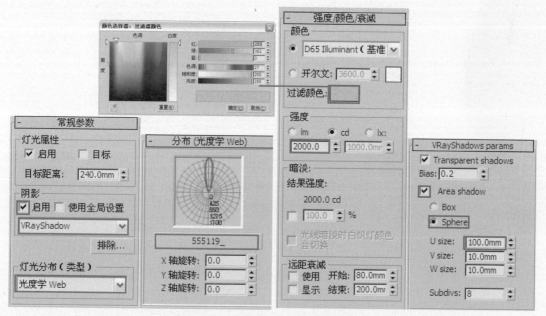

图11.18

08 在视图中，将刚刚创建的用来模拟筒灯灯光的自由灯光关联复制出14盏，各个灯光的位置如图11.19所示。对摄影机视图进行渲染，此时的灯光效果如图11.20所示。

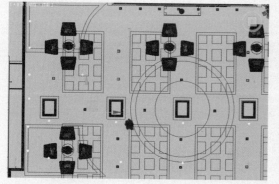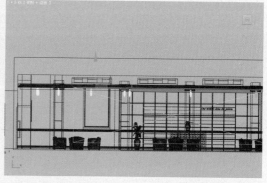

图11.19

09 下面继续创建顶棚处的筒灯灯光。单
击 ✴ （创建）按钮进入创建命令面
板，单击 ◀ （灯光）按钮，在打开面
板的下拉列表框中选择"光度学"选
项，然后在"对象类型"卷展栏中单击
自由灯光 按钮，在如图11.21所示的
位置创建一盏自由灯光来模拟室内的筒
灯灯光效果。

图11.20

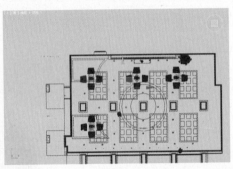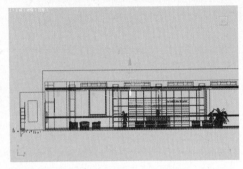

图11.21

10 进入修改命令面板对创建的自由灯光参数进行设置，如图11.22所示。光域网文件为配套光盘中
的"第11章\maps\555119_.IES"文件。

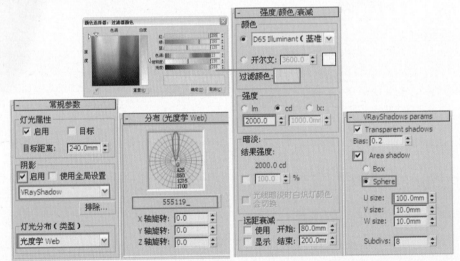

图11.22

11 在视图中，将刚刚创建的用来模拟筒灯灯光的自由灯光关联复制出5盏，各个灯光的位置如图
11.23所示。对摄影机视图进行渲染，此时的灯光效果如图11.24所示。

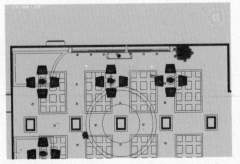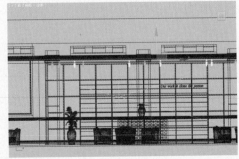

图11.23

12 下面继续创建顶棚处的筒灯灯光。单击 ✳（创建）按钮进入创建命令面板，单击 🔦（灯光）按钮，在打开面板的下拉列表框中选择"光度学"选项，然后在"对象类型"卷 展栏中单击 自由灯光 按钮，在如图11.25所示位置创建一盏自由灯光来模拟室内的筒灯灯光效果。

图11.24

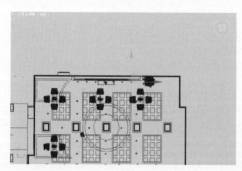 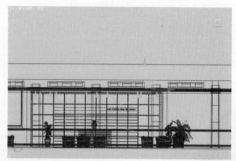

图11.25

13 进入修改命令面板对创建的自由灯光参数进行设置，如图11.26所示。光域网文件为配套光盘中的"第11章\maps\555119_.IES"文件。

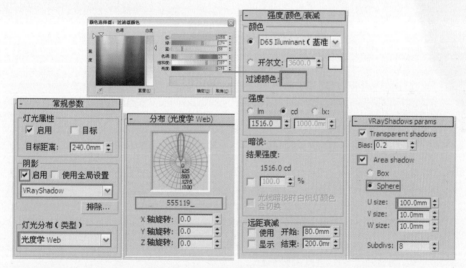

图11.26

14 在视图中，将刚刚创建的用来模拟筒灯灯光的自由灯光关联复制出7盏，各个灯光的位置如图11.27所示。对摄影机视图进行渲染，此时的灯光效果如图11.28所示。

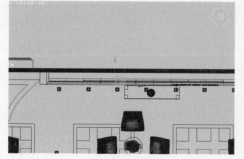 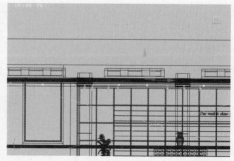

图11.27

图11.28

⑤ **15** 下面为场景创建暗藏灯光。在柜子处创建一盏VRayLight灯光，灯光位置如图11.29所示。

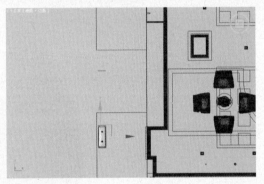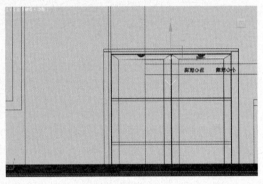

图11.29

⑤ **16** 灯光参数设置如图11.30所示。

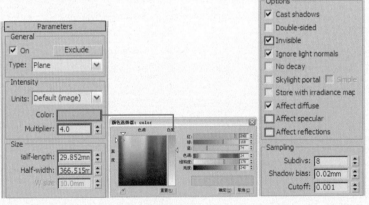

图11.30

⑤ **17** 在视图中选中刚刚创建的暗藏灯光VRayLight，将其关联复制出9盏，灯光位置如图11.31所示。

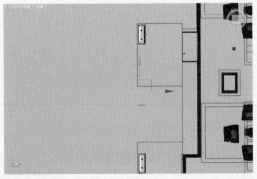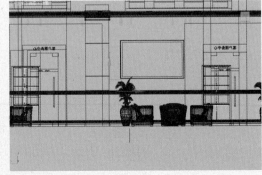

图11.31

18 对摄影机视图进行渲染，此时
的灯光效果如图11.32所示。

图11.32

上面已经对场景的灯光进行了布置，最终测试结果比较满意，测试完灯光效果后，下面进行材质设置。

Work 11.4 设置场景材质
VRay ART SHE ZHI CHANG JING CAI ZHI
3ds Max 2010+VRay

酒店大堂场景的材质是比较丰富的，主要集中在木质、布料及瓷器等材质的设置上，如何很好地表现这些材质的效果是表现的重点与难点。

Note 提示 11 ▶ 在制作模型的时候必须清楚物体材质的区别，将同一种材质的物体进行成组或塌陷操作，这样可以在赋予物体材质的时候更方便。

01 在设置场景材质前，首先
要取消前面对场景物体的
材质替换状态。按F10键
打开渲染设置对话框，在
V-Ray:: Global switches （全
局开关）卷展栏中，取消
Override mtl（覆盖材质）前的
复选框的勾选状态，如图11.33
所示。

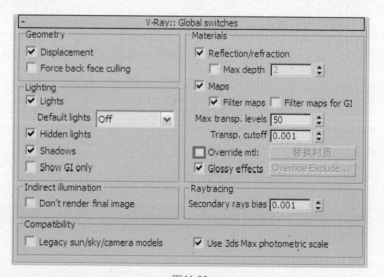

图11.33

02 首先设置地面砖材质。按M键打开材质编辑器，从中选择一个空白材质球，将其设置为
VRayMtl材质，并将其命名为"地面砖"，单击Diffuse（漫反射）右侧的贴图按钮，为其添
加一个"位图"贴图，参数设置如图11.34所示。贴图文件为配套光盘中的"第11章\maps\
LFP0813M.jpg"文件。

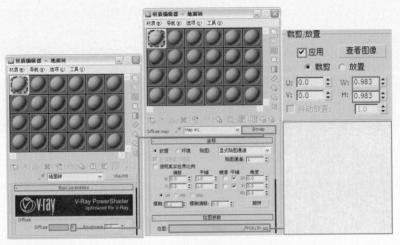

图11.34

03 返回VRayMtl材质层级，单击Rcflcct（反射）右侧的贴图按钮，为其添加一个"衰减"程序贴图，具体参数设置如图11.35所示。

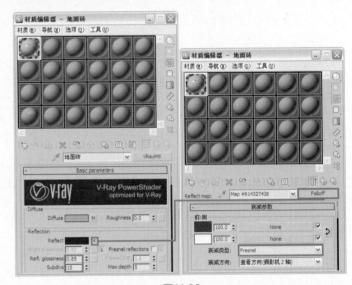

图11.35

04 返回VRayMtl材质层级，进入Maps（贴图）卷展栏，把Diffuse（漫反射）右侧的贴图通道按钮拖曳到Bump（凹凸）右侧的贴图按钮上进行非关联复制，具体参数设置如图11.36所示。

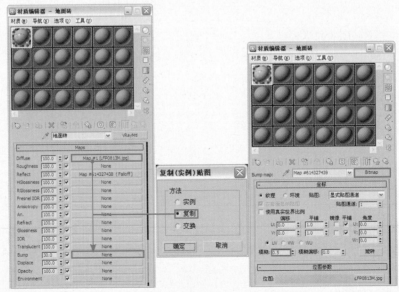

图11.36

05 将设置好的地面砖材质指定给物体"地面",然后对摄影机视图进行渲染,地面局部效果如图11.37所示。

图11.37

Note 提示 11 场景中部分物体材质已经事先设置好,这里仅对场景中的主要材质进行讲解。

06 下面设置红色大理石材质。按M键打开材质编辑器,从中选择一个空白材质球,将其设置为VRayMtl材质,并将其命名为"红色大理石",单击Diffuse(漫反射)右侧的贴图按钮,为其添加一个"位图"贴图,参数设置如图11.38所示。贴图文件为配套光盘中的"第11章\maps\2005513161256404.jpg"文件。

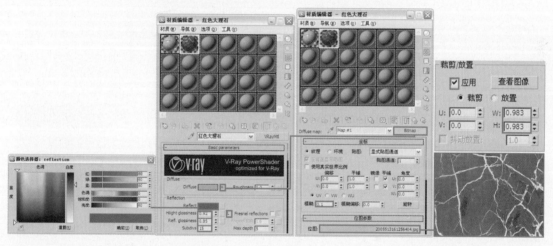

图11.38

07 返回VRayMtl材质层级,进入Maps(贴图)卷展栏,把Diffuse(漫反射)右侧的贴图按钮拖曳到Bump(凹凸)右侧的贴图按钮上进行非关联复制,具体参数设置如图11.39所示。

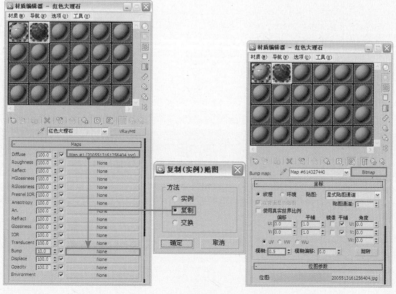

图11.39

08 将材质指定给物体"柱墩",对摄影机视图进行渲染,局部效果如图11.40所示。

图11.40

09 下面开始设置木纹材质。选择一个空白材质球,将材质设置为VRayMtl材质,并将其命名为"木纹",单击Diffuse(漫反射)右侧的贴图按钮,为其添加一个"位图"贴图,参数设置如图11.41所示。贴图文件为配套光盘中的"第11章\maps\996016-a-b-005_2-embed.jpg"文件。

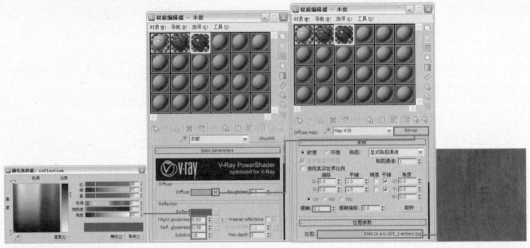

图11.41

10 返回VRayMtl材质层级,进入Maps(贴图)卷展栏,把Diffuse(漫反射)右侧的贴图按钮拖曳到Bump(凹凸)右侧的贴图按钮上进行非关联复制,具体参数设置如图11.42所示。

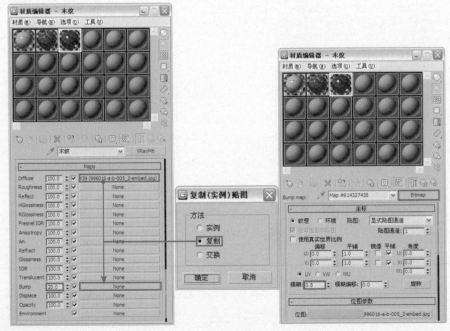

图11.42

11 将制作好的沙发布材质指定给物体"木质背景墙"，对摄影机视图进行渲染，局部效果如图11.43所示。

图11.43

12 下面设置沙发布材质。选择一个空白材质球，将其设置为VRayMtl材质，并将材质球命名为"沙发布"，单击Diffuse（漫反射）右侧的贴图按钮，为其添加一个"衰减"程序贴图，参数设置如图11.44所示。

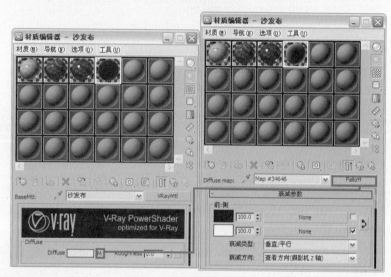

图11.44

13 在"衰减"贴图层级上，为第一个颜色的贴图按钮添加一个"位图"贴图，参数设置如图11.45所示。贴图文件为配套光盘中的"第11章\maps\archinteriors_vol6_002_fabric_01.jpg"文件。

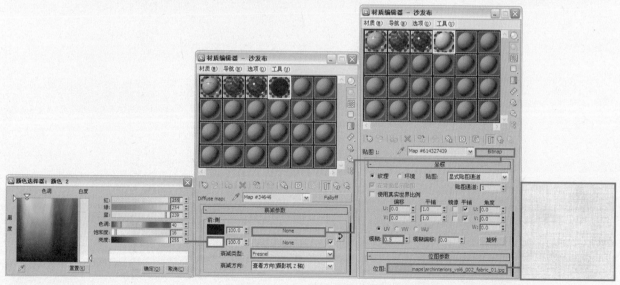

图11.45

14 返回VRayMtl材质层级，进入Maps（贴图）卷展栏，为Bump（凹凸）右侧的贴图按钮添加一个"位图"贴图，参数设置如图11.46所示。贴图文件为配套光盘中的"第11章\maps\archinteriors_vol6_002_fabric_01_bump.jpg"文件。

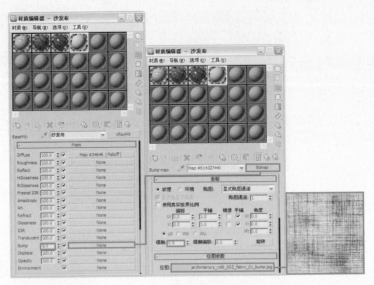

图11.46

15 由于"沙发布"材质面积较大且饱和度较高，容易造成色溢现象，所以为其添加一个 ⬤ VRayMtlWrapper 包裹材质，参数设置如图11.47所示。

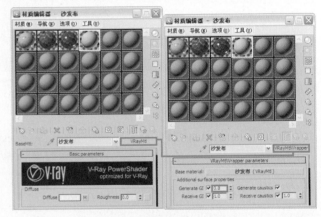

图11.47

16 将材质指定给物体"沙发"，对摄影机视图进行渲染，局部效果如图11.48所示。

图11.48

17 下面设置白色乳胶漆材质。按M键打开材质编辑器，从中选择一个空白材质球，将其设置为VRayMtl材质，并将其命名为"白色乳胶漆"，单击Diffuse（漫反射）右侧的颜色色块，参数设置如图11.49所示。

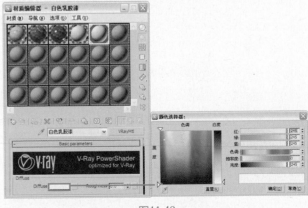

图11.49

18 将材质指定给物体"顶棚",对摄影机视图进行渲染,局部效果如图11.50所示。

图11.50

19 下面设置白瓷花瓶材质。按M键打开材质编辑器,从中选择一个空白材质球,将其设置为VRayMtl材质,并将其命名为"白瓷花瓶",单击Diffuse(漫反射)右侧的贴图按钮,为其添加一个"位图"贴图,参数设置如图11.51所示。贴图文件为配套光盘中的"第11章\maps\花瓶01.jpg"文件。

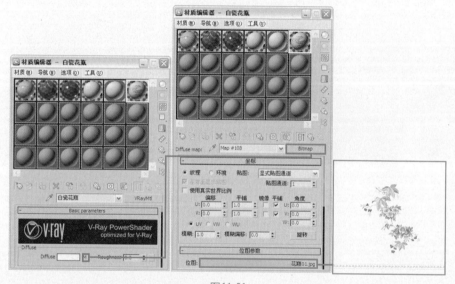

图11.51

20 返回VRayMtl材质层级,单击Reflect(反射)右侧的贴图按钮,为其添加一个"衰减"程序贴图,具体参数设置如图11.52所示。

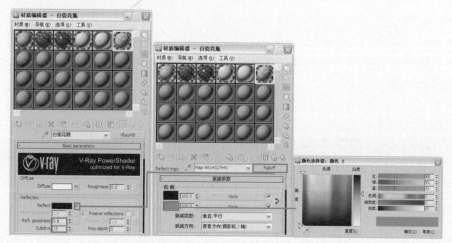

图11.52

21 将材质指定给物体"白瓷花瓶",对摄影机视图进行渲染,局部效果如图11.53所示。

22 下面设置地面拼花材质。按M键打开材质编辑器，从中选择一个空白材质球，将其设置为VRayMtl材质，并将其命名为"地面拼花"，单击Diffuse（漫反射）右侧的贴图按钮，为其添加一个"位图"贴图，参数设置如图11.54所示。贴图文件为配套光盘中的"第11章\maps\2-杭非.jpg"文件。

图11.53

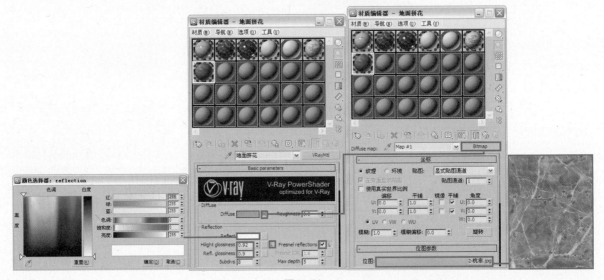

图11.54

23 将材质指定给物体"地面拼花"，对摄影机视图进行渲染，局部效果如图11.55所示。

图11.55

至此，场景的灯光测试和材质设置都已经完成，下面将对场景进行最终渲染设置。最终渲染设置将决定图像的最终渲染品质。

Work 11.5 最终渲染设置
VRay ART ZUI ZHONG XUAN RAN SHE ZHI
3ds Max 2010+VRay

11.5.1 最终测试灯光效果

材质设置完毕后需要对场景进行渲染，观察此时场景整体的灯光效果。对摄影机视图进行渲染，效果如图11.56所示。

图11.56

观察渲染效果，场景光线稍微有点暗，调整一下曝光参数，设置如图11.57所示。再次对摄影机视图进行渲染，效果如图11.58所示。

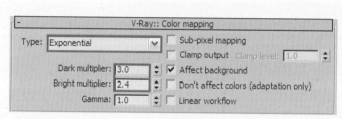

图11.57

图11.58

观察渲染效果，场景光线不需要再调整，接下来设置最终渲染参数。

11.5.2 灯光细分参数设置

提高灯光细分值可以有效地减少场景中的杂点，但渲染速度也会相对降低，所以只需要提高一些开启阴影设置的主要灯光的细分值，而且不能设置得过高。下面对场景中的主要灯光进行细分设置。

01 将模拟天光的VRayLight灯光的灯光细分值设置为32，如图11.59所示。

02 将模拟筒灯灯光的自由灯光的阴影细分值设置为24，如图11.60所示。

图11.59

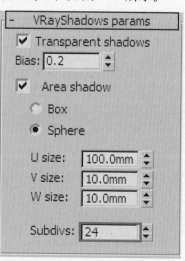

图11.60

11.5.3 设置保存发光贴图和灯光贴图的渲染参数

在前面章节中已经讲解过保存发光贴图和灯光贴图的方法，这里就不再重复，只对渲染级别的设置进行讲解。

01 下面进行渲染级别的设置。进入 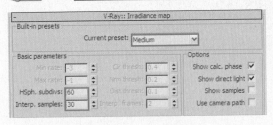（发光贴图）卷展栏，设置参数如图11.61所示。

02 进入 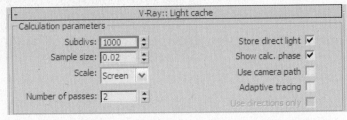（灯光缓存）卷展栏，设置参数如图11.62所示。

图11.61　　　　　　　　　　　　　　　　图11.62

03 在 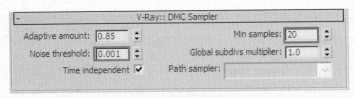（准蒙特卡罗采样器）卷展栏中设置参数如图11.63所示，这是模糊采样设置。

图11.63

渲染级别设置完毕，最后设置保存发光贴图和灯光贴图的参数并进行渲染即可。

11.5.4 最终成品渲染

最终成品渲染的参数设置如下。

01 当发光贴图和灯光贴图计算完毕后，在渲染设置对话框的"公用"选项卡中设置最终渲染图像的输出尺寸，如图11.64所示。

02 在 V-Ray:: Image sampler (Antialiasing)（图像采样）卷展栏中设置抗锯齿和过滤器，如图11.65所示。

图11.64

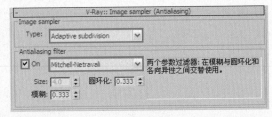

图11.65

03 最终渲染完成的效果如图11.66所示。

图11.66

最后使用Photoshop软件对图像的亮度、对比度及饱和度进行调整，使效果更加生动、逼真。在前面章节中已经对后期处理的方法进行了讲解，这里就不再赘述。后期处理后的最终效果如图11.67所示。

图11.67

11.6 本章附赠模型浏览

本章共附赠12款精美模型，以酒店大堂类场景应用的模型居多，实际上这些模型不仅可以应用到酒店大堂类场景，也可以应用到其他类场景中。

茶几.max

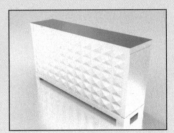
翻开的书.max

地球仪.max

柜子.max

雕塑.max

画.max

绿植01.max

沙发.max

饰品05.max

台灯01.max

植物.max

装饰瓶.max

11.7 酒店大堂空间案例赏析

欣赏优秀的案例作品，有利于快速提高自己的审美能力与设计水准，这一点对于效果图制作人员亦然。通过分析这些作品的视角、光线、质感与颜色搭配，就能够在这些方面提升自己的水平。

光盘\教学视频\第12章 酒店宴会厅.swf

光盘\第12章\酒店宴会厅源文件.max

光盘\第12章\酒店宴会厅效果文件.max

光盘\第12章\单体模型素材（12款）

本章数据

场景模型：70M

单体模型：12款

欣赏场景：8张

学习视频：60分钟

第 **12** 章

奢华浪漫
——酒店宴会厅空间表现

图12.1

12.1 酒店宴会厅空间设计概述

宴会厅，是指可以用于召开各类婚庆活动、公司聚餐、大型集会、演讲、报告、新闻发布、产品展示，以及举办中小型文艺演出、舞会等活动的场所。通常面积较大，并且设有舞台、活动座椅和独立的控制室。它结合了现代化的专业音响设施、多媒体显示设备、高清摄录影像技术、智能化集中控制和舞台灯光照明等多种多样的功能于一身，在近几年的时间里得到了迅速的普及和应用，非常适合我国的国情需要，如图12.1所示。

本章案例中所表现的就是一个典型的酒店宴会厅空间，在空间的划分上，利用透明的玻璃珠帘隔断与绿植相结合的设计，结合空间的柱梁关系，可以把宴会厅划分成三个区域，即东西两面均为八桌的小型宴会区，中间十八桌的大型宴会区，由于是可移动的隔断与绿植的结合，所以可以充分保证空间的完整性与通透性，还可以根据客人的多少来随意调节就餐的空间大小，方便快捷。

在顶面的处理上，由于受顶面消防管道，中央空调管道及建筑梁的影响，设计重点应放在顶面的管道及建筑梁的处理上，通过吊顶不仅解决了原管道外露对整体形象的破坏，而且从视觉上大大削弱了建筑梁向下的高度，对整体喜庆氛围的营造起到关键的作用。

Work 12.2 酒店宴会厅空间简介

VRay ART JIU DIAN YAN HUI TING KONG JIAN JIAN JIE 3ds Max 2010+VRay

本章实例是一个现代风格的酒店宴会厅空间，现代气息的木格造型顶非常简约、横竖对应，整体视觉的穿透性强，给空间带来了丰富的视觉效果，令人为之倾心。

本场景中采用了夜晚的表现手法，案例效果如图12.2所示。

图12.2

如图12.3所示为酒店宴会厅模型的线框效果图。

下面首先进行测试渲染参数设置，然后进行灯光设置。

图12.3

打开配套光盘中的"第12章\酒店宴会厅源文件.max"场景文件，如图12.4所示，可以看到这是一个已经创建好的宴会厅场景模型，并且场景中的摄影机已经创建好了。

下面首先进行测试渲染参数设置，然后进行灯光布置。灯光布置包括室外天光和室内光源的建立。

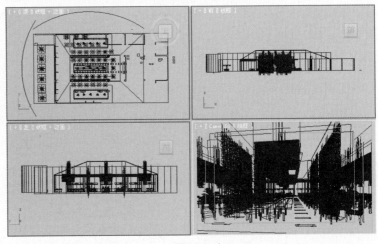

图12.4

12.3.1 设置测试渲染参数

测试渲染参数的设置步骤如下。

01 按F10键打开渲染设置对话框，渲染器已经设置为V-Ray Adv 1.50.SP4渲染器，在 **公用参数** 卷展栏中设置较小的图像尺寸，如图12.5所示。

02 进入V-Ray选项卡，在 **V-Ray:: Global switches** （全局开关）卷展栏中进行参数设置，如图12.6所示。

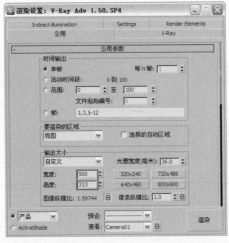

图12.5

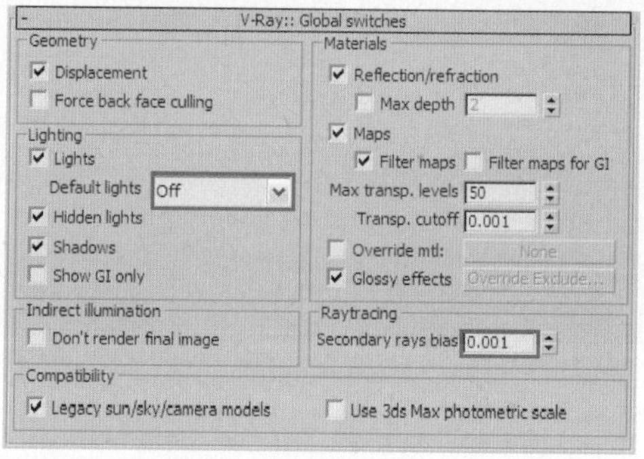

本章材质快速浏览

图12.6

03 进入 V-Ray:: Image sampler (Antialiasing) （图像采样）卷展栏中，参数设置如图12.7所示。

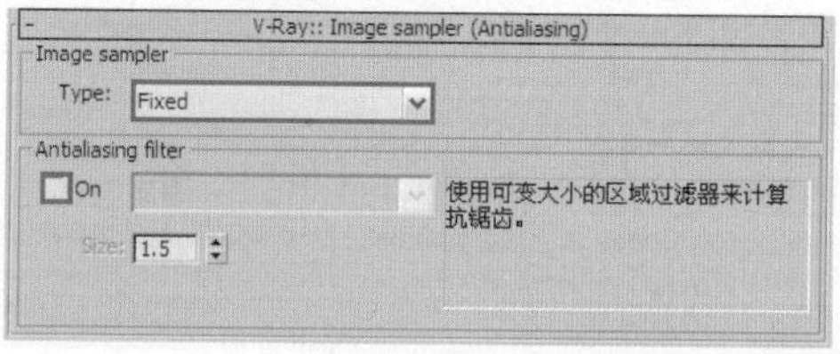

图12.7

04 下面对环境光进行设置。打开 V-Ray:: Environment （环境）卷展栏，在GI Environment (skylight)override（环境天光覆盖）组中勾选On（开启）复选框，具体参数设置如图12.8所示。

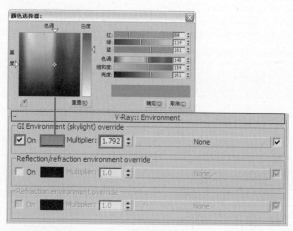

图12.8

05 进入到Indirect illumination（间接照明）选项卡中，在 V-Ray:: Indirect illumination (GI) （间接照明）卷展栏中设置参数，如图12.9所示。

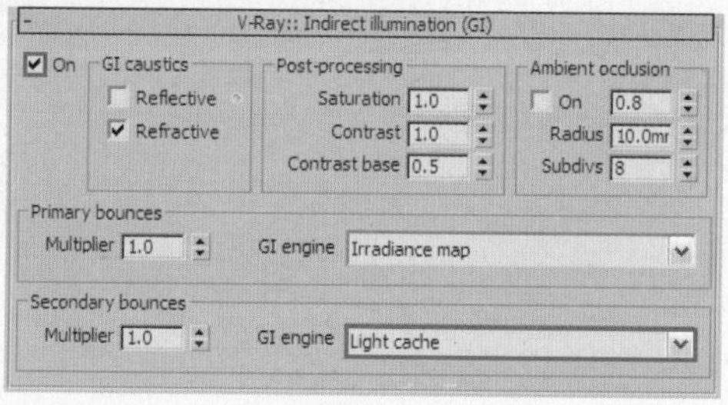

图12.9

本章材质快速浏览

黑色大理石

地面瓷砖

玻璃

水面

06 在 `V-Ray:: Irradiance map` （发光贴图）卷展栏中设置参数，如图12.10所示。

图12.10

07 在 `V-Ray:: Light cache` （灯光缓存）卷展栏中设置参数，如图12.11所示。

图12.11

Note 提 示 **12** 预设测试渲染参数是根据自己的经验和电脑本身的硬件配置得到的一个相对低的渲染设置，读者在这里可以进行参考，也可以自己尝试一些其他的参数设置。

12.3.2 布置场景灯光

本场景光线来源为室内灯光，在为场景创建灯光前，首先用一种白色材质覆盖场景中的所有物体，这样便于观察灯光对场景的影响。

01 按M键打开材质编辑器对话框，选择一个空白材质球，单击其 `Standard` （标准）按钮，在弹出的"材质/贴图浏览器"对话框中选择 VRayMtl 材质，将材质命名为"替换材质"，具体参数设置如图12.12所示。

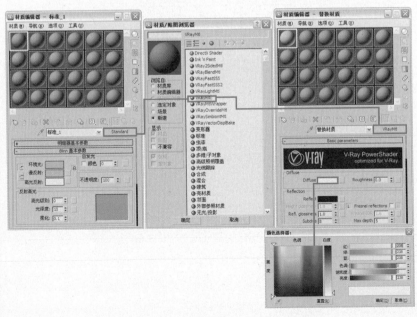

图12.12

02 按F10键打开渲染设置对话框，进入V-Ray选项卡，在 V-Ray:: Global switches （全局开关）卷展栏中勾选Override mtl（覆盖材质）前的复选框，然后进入材质编辑器对话框中，将替换材质的材质球拖曳到Override mtl右侧的None（无）贴图通道按钮上，并以实例方式进行关联复制，具体参数设置如图12.13所示。

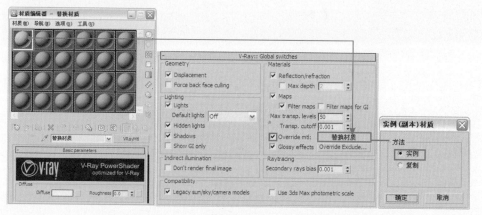

图12.13

03 首先创建室内珠帘部分的装饰灯光。单击 ╋ （创建）按钮进入创建命令面板，然后单击 ◔ （灯光）按钮，在打开面板的下拉列表框中选择"光度学"选项，然后在"对象类型"卷展栏中单击 自由灯光 按钮，在如图12.14所示的位置创建一盏自由灯光来模拟装饰灯光。

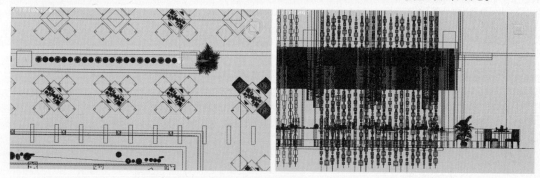

图12.14

04 进入修改命令面板对创建的目标灯光参数进行设置，如图12.15所示。

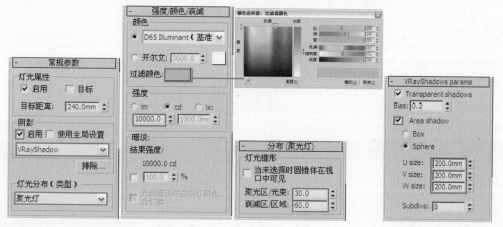

图12.15

05 在顶视图中，将刚刚创建的用来模拟装饰灯光的自由灯光关联复制出47盏，各个灯光位置如图12.16所示。将场景中的物体"玻璃"及"玻璃墙"隐藏，然后对摄影机视图进行渲染，此时的灯光效果如图12.17所示。

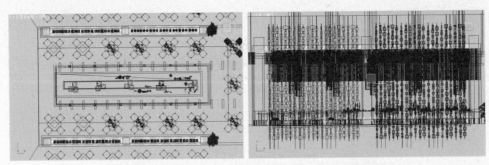

图12.16

图12.17

由于场景中所有物体的材质暂时被我们设置好的覆盖材质替换了，本来应该透明的玻璃材质此时也不是透明的了，所以为了观察到正确的光照效果，我们需要暂时将带玻璃的物体隐藏。

06 下面开始创建场景中的吊灯灯光。在如图12.18所示位置创建一盏灯光，具体参数设置如图12.19所示。

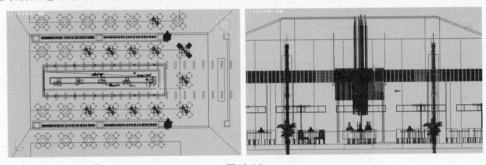

图12.18

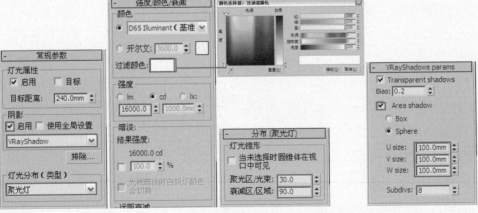

图12.19

07 在顶视图中，将刚刚创建的用来模拟装饰灯光的自由灯光关联复制出11盏，各个灯光的位置如

图12.20所示。对摄影机视图进行渲染，此时的灯光效果如图12.21所示。

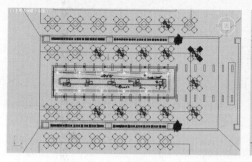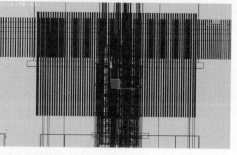

图12.20

图12.21

08 从渲染效果中可以发现场景由于室内吊灯灯光的照射，场景局部曝光严重，下面通过调整场景曝光参数来降低场景亮度。按F10键打开渲染设置对话框，进入V-Ray选项卡，在 V-Ray:: Color mapping （色彩贴图）卷展栏中进行曝光控制，参数设置如图12.22所示。再次渲染，效果如图12.23所示。

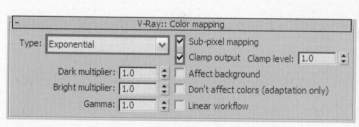

图12.22　　　　　　　　　　　　　　　　图12.23

09 继续创建顶部的吊灯灯光。单击 （创建）按钮进入创建命令面板，再单击 （灯光）按钮，在打开面板的下拉列表框中选择VRay选项，然后在"对象类型"卷展栏中单击 VRayLight 按钮，在场景的窗外部分创建一盏VRayLight灯光，如图12.24所示。灯光参数设置如图12.25所示。

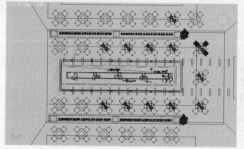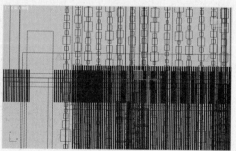

图12.24

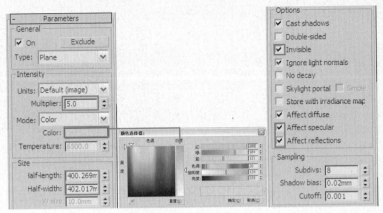

图12.25

10 在顶视图中，将刚刚创建好的用来模拟室内吊灯灯光的VRayLight灯光关联复制出4盏，灯光位置如图12.26所示。

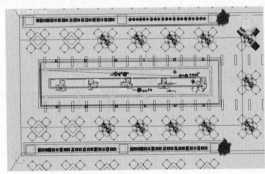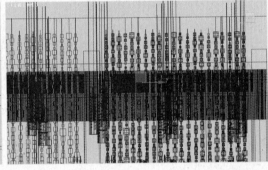

图12.26

11 仍然是选择刚刚创建好的用来模拟吊灯灯光的5盏VRayLight，将其复制出10盏到两侧吊灯的位置，如图12.27所示。对复制出来的灯光的参数进行适当的修改，如图12.28所示。

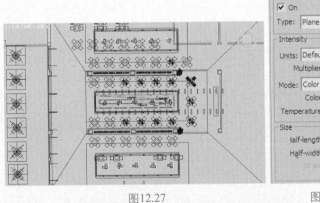

图12.27

图12.28

12 对摄影机视图进行渲染，此时场景光照效果如图12.29所示。

图12.29

13 继续创建顶部的吊灯灯光。在如图12.30所示的位置创建一盏VRayLight灯光，灯光参数设置如图12.31所示。

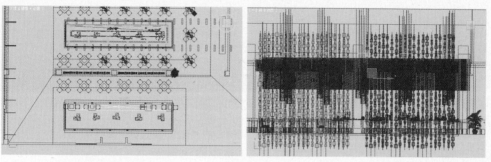

图12.30

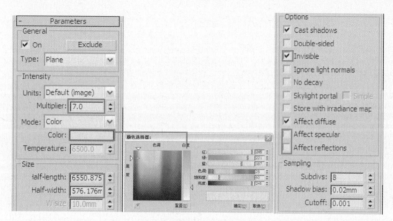

图12.31

14 在顶视图中，将刚刚创建好的用来模拟室内吊灯灯光的VRayLight灯光关联复制出5盏，灯光位置如图12.32所示。

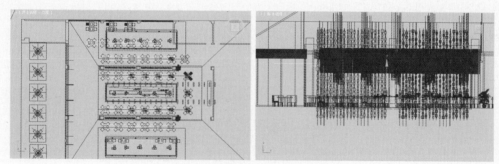

图12.32

15 对摄影机视图进行渲染，此时场景光照效果如图12.33所示。

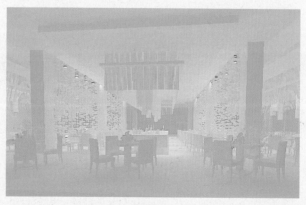

图12.33

16 继续创建顶部的吊灯灯光。在如图12.34所示的位置上创建一盏自由灯光，灯光参数设置如图12.35所示。

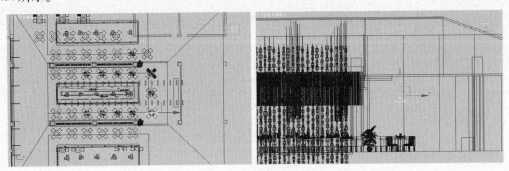

图12.34

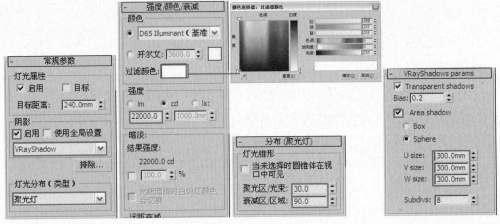

图12.35

17 在顶视图中，将刚刚创建好的用来模拟室内吊灯灯光的自由灯光关联复制出3盏，灯光位置如图12.36所示。

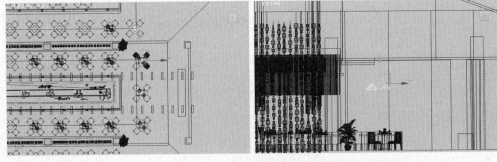

图12.36

18 对摄影机视图进行渲染，此时的场景光照效果如图12.37所示。

图12.37

19 下面开始创建室内的装饰射灯灯光。在如图12.38所示位置创建一盏自由灯光，灯光参数设置如图12.39所示。

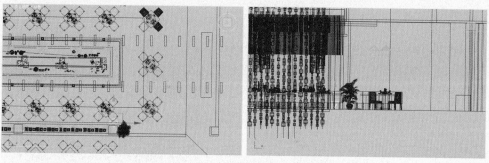

图12.38

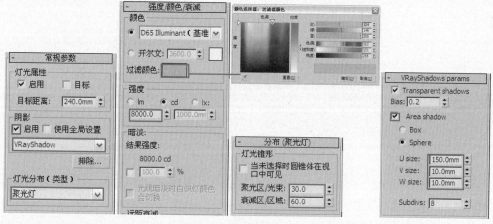

图12.39

20 在顶视图中，将刚刚创建的用来模拟射灯灯光的自由灯光关联复制出1盏，灯光位置如图12.40所示。对摄影机视图进行渲染，此时的灯光效果如图12.41所示。

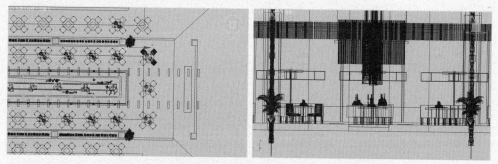

图12.40

图12.41

21 最后为场景创建一盏补光灯光。在场景中如图12.42所示的位置创建一盏VRayLight灯光，具体参数设置如图12.43所示。

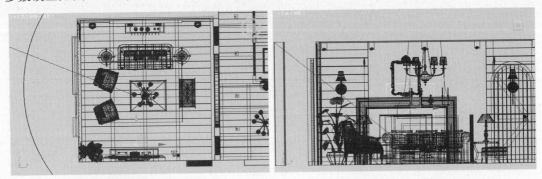

图12.42

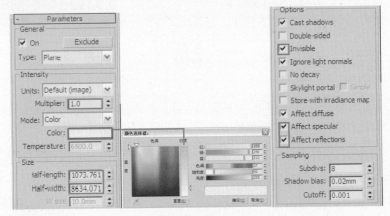

图12.43

22 对摄影机视图进行渲染，此时的灯光效果如图12.44所示。

图12.44

上面已经对场景的灯光进行了布置，最终测试结果比较满意，测试完灯光效果后，下面进行材质设置。

设置场景材质

Work 12.4 VRay ART SHE ZHI CHANG JING CAI ZHI 3ds Max 2010+VRay

宴会厅场景的材质是比较丰富的，主要集中在地面瓷砖、清油木质及布料等材质的设置上，如何很好地表现这些材质的效果是表现的重点与难点。

Note 提示 12 ► 在制作模型的时候必须清楚物体材质的区别，将同一种材质的物体进行成组或塌陷操作，这样可以在赋予物体材质的时候更方便。。

01 在设置场景材质前，首先要取消前面对场景物体的材质替换状态。按F10键打开渲染设置对话框，在 `V-Ray:: Global switches` （全局开关）卷展栏中，取消Override mtl（覆盖材质）前的复选框的勾选状态，如图12.45所示。

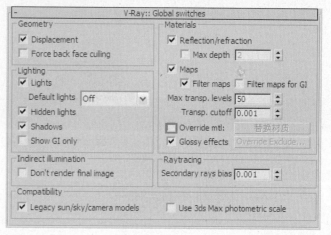

图12.45

02 首先设置地面部分的瓷砖材质。按M键打开材质编辑器，从中选择一个空白的材质球，将其设置为VRayMtl材质，并将其命名为"地面瓷砖"，单击Diffuse（漫反射）右侧的贴图按钮，为其添加一个"位图"贴图，具体参数设置如图12.46所示。贴图文件为配套光盘中的"第12章\maps\2-杭非.jpg"文件。

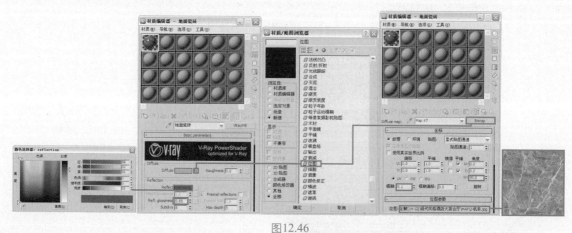

图12.46

03 将设置好的地砖材质指定给物体"地面"，将之前隐藏的物体全部恢复显示，然后对摄影机视图进行渲染，地面局部效果如图12.47所示。

图12.47

Note 提示 12 场景中部分物体的材质已经事先设置好，这里仅对场景中的主要材质进行讲解。

04 下面开始设置顶面部分的清油木质材质。选择一个空白材质球，将其材质设置为VRayMtl材质，并将其命名为"顶面木质"，单击Diffuse（漫反射）右侧的贴图按钮，为其添加一个"位图"贴图，具体参数设置如图12.48所示。贴图文件为配套光盘中的"第12章\maps\WOOD041.JPG"文件。

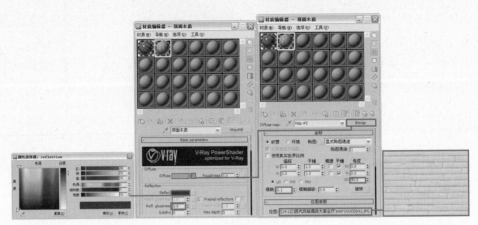

图12.48

⑤ 05 返回VRayMtl材质层级，进入Maps（贴图）卷展栏，为Bump（凹凸）贴图通道添加一个"位图"贴图，具体参数设置如图12.49所示。贴图文件为配套光盘中的"第12章\maps\WOOD041.JPG"文件。

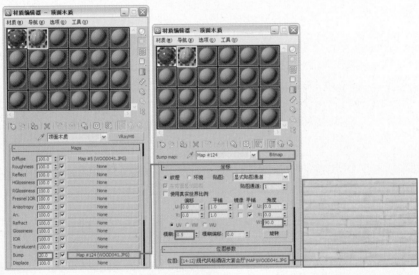

图12.49

⑤ 06 将设置好的顶面材质指定给场景中的物体"顶面"，对摄影机视图进行渲染，顶面局部效果如图12.50所示。

图12.50

⑤ 07 下面开始设置顶面部分的白色石材饰面材质。选择一个空白材质球，将其材质设置为VRayMtl材质，并将其命名为"白色大理石"，单击Diffuse（漫反射）右侧的贴图按钮，为其添加一个"位图"贴图，具体参数设置如图12.51所示。贴图文件为配套光盘中的"第12章\maps\1115911007.jpg"文件。

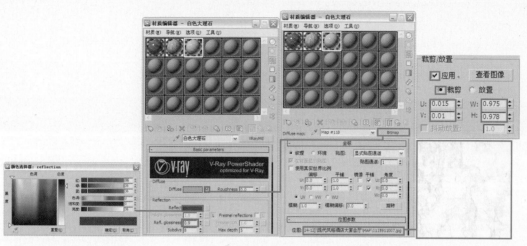

图12.51

08 将设置好的顶面石材材质指定给场景中的物体"石材饰面"，对摄影机视图进行渲染，石材饰面的局部效果如图12.52所示。

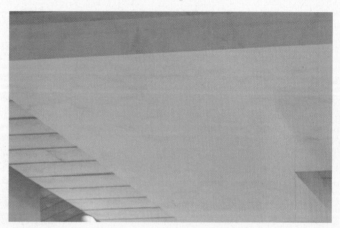

图12.52

09 下面开始设置场景中的黑色大理石材质。选择一个空白材质球，将材质设置为VRayMtl材质，将其命名为"黑色大理石"，单击Diffuse（漫反射）右侧的贴图按钮，为其添加一个"位图"贴图，参数设置如图12.53所示。贴图文件为配套光盘中的"第12章\maps\A-L-005.jpg"文件。

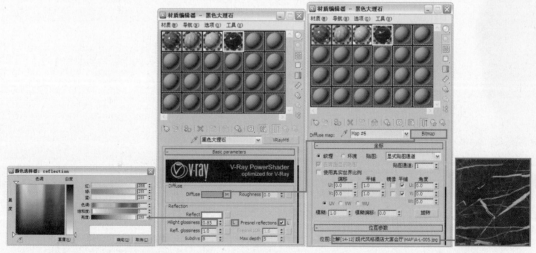

图12.53

10 返回VRayMtl材质层级，进入Maps（贴图）卷展栏，为Bump（凹凸）贴图通道添加一个"位图"贴图，具体参数设置如图12.54所示。贴图文件为配套光盘中的"第12章\maps\A-L-005.jpg"文件。

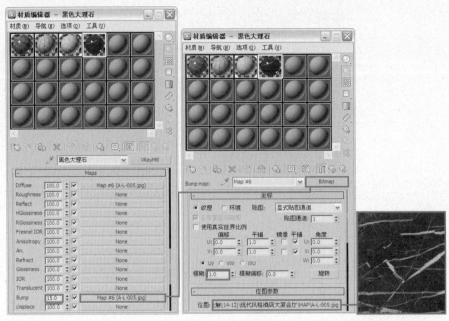

图12.54

11 将设置好的黑色大理石材质指定给物体"黑色石材"，对摄影机视图进行渲染，黑色大理石材质效果如图12.55所示。

图12.55

12 下面开始设置场景中餐桌椅部分的清油木质材质。选择一个空白材质球，将其命名为"桌椅木质"，单击"漫反射"右侧的贴图按钮，为其添加一个"位图"贴图，参数设置如图12.56所示。贴图文件为配套光盘中的"第12章\maps\1115913342.jpg"文件。

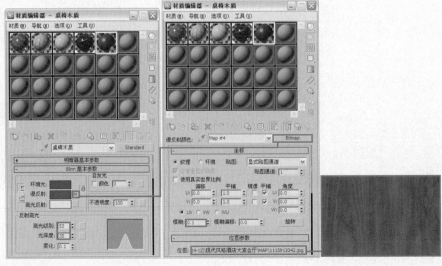

图12.56

13 将制作好的木质材质指定给物体"桌椅木"，对摄影机视图进行渲染，木质材质效果如图12.57所示。

图12.57

14 下面开始设置餐椅部分的靠垫布料材质。选择一个空白材质球，将其命名为"椅垫布料"，单击"漫反射"右侧的贴图按钮，为其添加一个"位图"贴图，参数设置如图12.58所示。贴图文件为配套光盘中的"第12章\maps\1318837-bu22-embed 副本2.jpg"文件。

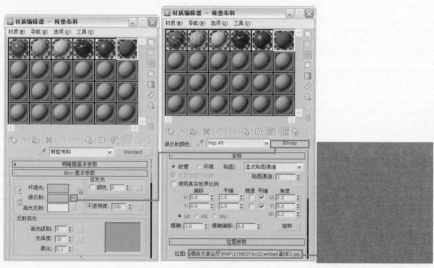

图12.58

15 将设置好的布料材质指定给物体"椅垫"，对摄影机视图进行渲染，布料材质效果如图12.59所示。

16 下面开始设置场景中的玻璃材质。选择一个空白材质球，将其命名为"玻璃"，具体参数设置如图12.60所示。

图12.59

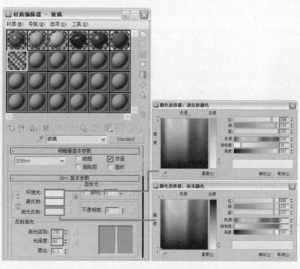

图12.60

17 进入"贴图"卷展栏，为"反射"贴图通道添加一个VRayMap程序贴图，具体参数设置如图12.61所示。

18 将设置好的玻璃材质指定给物体"玻璃"，对摄影机视图进行渲染，玻璃材质效果如图12.62所示。

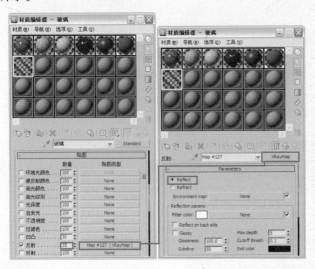

图12.61   图12.62

　　至此，场景的灯光测试和材质设置都已经完成，下面将对场景进行最终渲染设置。最终渲染设置将决定图像的最终渲染品质。

12.5.1 最终测试灯光效果

　　场景中的材质设置完毕后需要对场景进行渲染，观察此时场景整体的灯光效果。对摄影机视图进行渲染，效果如图12.63所示。

图12.63

　　观察渲染效果，场景光线稍微有点暗，调整一下曝光参数，设置如图12.64所示。再次对摄影机视图进行渲染，效果如图12.65所示。

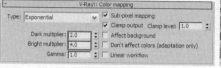

图12.64

图12.65

观察渲染效果，场景光线不需要再调整，接下来设置最终渲染参数。

12.5.2 灯光细分参数设置

提高灯光细分值可以有效地减少场景中的杂点，但渲染速度也会相对降低，所以只需要提高一些开启阴影设置的主要灯光的细分值，而且不能设置得过高。下面对场景中的主要灯光进行细分设置。

01 将模拟室内吊灯灯光的目标灯光的灯光阴影细分值设置为16，如图12.66所示。

02 将模拟吊灯灯光的VRayLight灯光的灯光细分值设置为16，如图12.67所示。

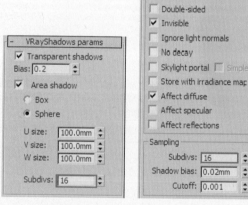

图12.66

图12.67

12.5.3 设置保存发光贴图和灯光贴图的渲染参数

在前面章节中已经讲解过保存发光贴图和灯光贴图的方法，这里就不再重复，只对渲染级别的设置进行讲解。

01 下面进行渲染级别设置。进入 V-Ray:: Irradiance map （发光贴图）卷展栏，设置参数如图12.68所示。

02 进入 V-Ray:: Light cache （灯光缓存）卷展栏，设置参数如图12.69所示。

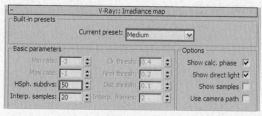

图12.68

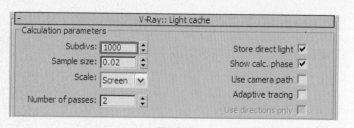

图12.69

03 在 [V-Ray:: DMC Sampler] （准蒙特卡罗采样器）卷展栏中设置参数如图12.70所示，这是模糊采样设置。

图12.70

渲染级别设置完毕，最后设置保存发光贴图和灯光贴图的参数并进行渲染即可。

12.5.4 最终成品渲染

最终成品渲染的参数设置如下。

01 当发光贴图和灯光贴图计算完毕后，在渲染设置对话框的"公用"选项卡中设置最终渲染图像的输出尺寸，如图12.71所示。

02 在 [V-Ray:: Image sampler (Antialiasing)] （图像采样）卷展栏中设置抗锯齿和过滤器，如图12.72所示。

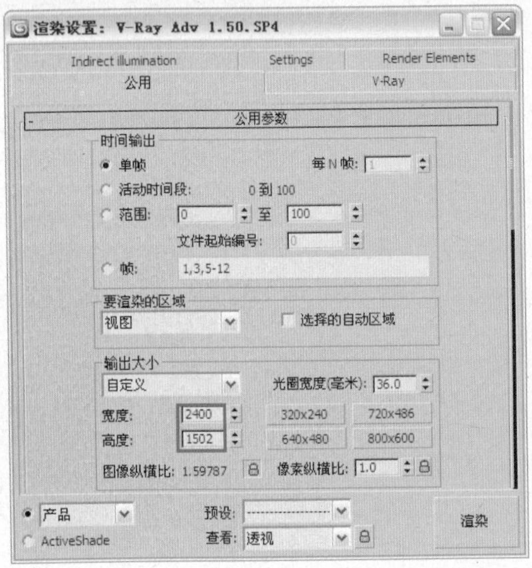

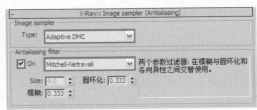

图12.71

图12.72

03 最终渲染完成的效果如图12.73所示。

图12.73

最后使用Photoshop软件对图像的亮度、对比度及饱和度进行调整，使效果更加生动、逼真。在前面章节中已经对后期处理的方法进行了讲解，这里就不再赘述。后期处理后的最终效果如图12.74所示。

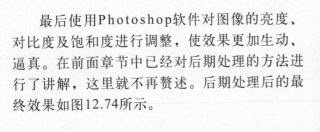

图12.74

12.6 本章附赠模型浏览

本章共附赠12款精美模型，以酒店宴会厅类场景应用的模型居多，实际上这些模型不仅可以应用到酒店宴会厅类场景，也可以应用到其他类场景中。

壁灯.max

餐具.max

餐桌椅.max

吊灯01.max

户外休闲椅.max

花瓶.max

绿植02.max

欧式小茶几.max

太阳伞.max

相框.max

小植物.max

纸巾盒.max

12.7 酒店宴会厅空间案例赏析

欣赏优秀的案例作品，有利于快速提高自己的审美能力与设计水准，这一点对于效果图制作人员亦然。通过分析这些作品的视角、光线、质感与颜色搭配，就能够在这些方面提升自己的水平。

光盘\第13章\final视频.avi

光盘\第13章\漫游动画源文件.max

光盘\第13章\漫游动画效果文件.max

第 **13** 章

流动的美学
——室内漫游动画

　　本章实例表现的是一个室内的居室空间。室内动画风格比较注重设计和功能上的表现，对光线的要求也相对较高。室内动画分为封闭空间和半封闭空间两种，一般来讲，制作全封闭空间室内动画时，布光较复杂，对技术要求比较高，同时在最终渲染时也比较耗时；而半封闭空间通常指的是半开型的室内，或有可以使阳光照射进来的空间，这类镜头在布光时较为简单，由于有天光和阳光的加入，使得场景光线充足、变化丰富，很能产生效果。在建筑动画中，摄影机运动动画是主要的动画设置之一，这也是许多人将建筑动画称为建筑浏览动画的原因所在。

　　本章实例是一个半封闭空间，其中的一些单帧渲染效果如图13.1所示。

图13.1

　　打开配套光盘中的"第13章\漫游动画源文件.max"场景文件，如图13.2所示，可以看到这是一个已经创建好的室内居室场景模型，并且场景中的灯光及材质都已经设置好。

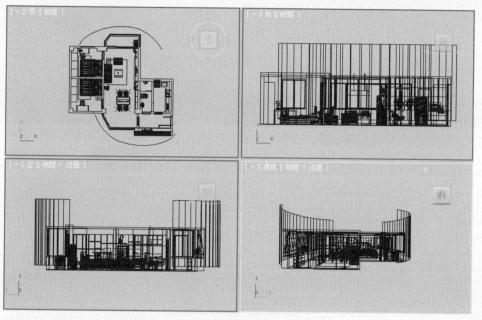

图13.2

下面我们将只对场景的动画设置部分进行讲解。

01 单击动画工具栏中的 📇（时间配置）按钮，打开"时间配置"对话框，定制动画长度，选中"帧速率"组中的PAL单选项，将播放制式定为PAL制。将"动画"组下的长度值设置为1000（动画长度为1000帧），如图13.3所示。

02 本案例中我们将使用"路径约束"控制器为场景中的摄影机设置运动动画。首先在场景中创建一个运动路径，进入到 ⚹（创建）命令面板中，单击 ⬚（图像）按钮，然后单击打开面板中的 线 按钮，在顶视图中绘制一条二维样条线，如图13.4所示。

图13.3

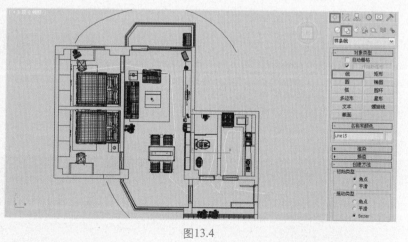

图13.4

03 在顶视图中选择刚创建的样条线，进入到 ✐（修改）命令面板中，然后在 选择 卷展栏中单击 ⋯（顶点）按钮进入到样条线的顶点层级，然后在顶视图中将样条线的所有顶点都选中，单击鼠标右键，在弹出的方形菜单中选择 Bezier 命令，将样条线的所有顶点的顶点类型都设置为 Bezier，如图13.5所示。

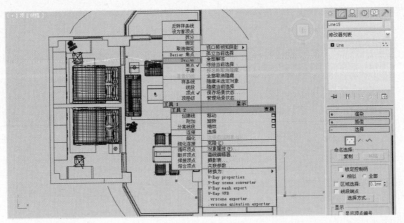

图13.5

04 调整样条线的各个顶点，使它们看起来更圆滑一些，如图13.6所示。

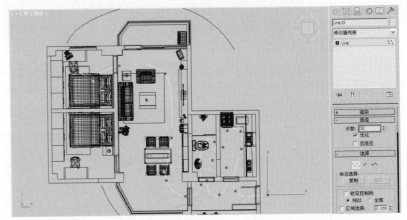

图13.6

05 在前视图中使用 ⊹ （选择并移动）工具将样条线沿Y轴方向向上移动，使样条线高度大概在1000mm左右，如图13.7所示。

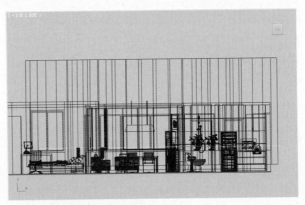

图13.7

06 运动路径设置完成，下面我们在场景中创建摄影机。进入到 ⚊ （创建）命令面板中，单击 ⚊ （摄影机）按钮，然后单击其中的 目标 按钮，在顶视图中创建一个目标摄影机，如图13.8所示。

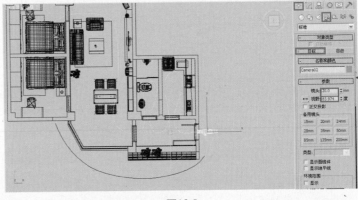

图13.8

07 在视图中调整摄影机的位置，如图13.9所示。

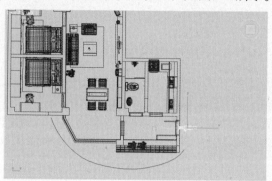 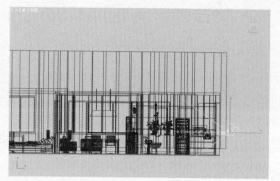

图13.9

08 下面我们来创建一个虚拟物体。
进入到 ✦（创建）命令面板中，
单击 ▣（辅助对象）按钮，然后
单击其中的 虚拟对象 按钮，
在顶视图中创建一个虚拟物体，
如图13.10所示。

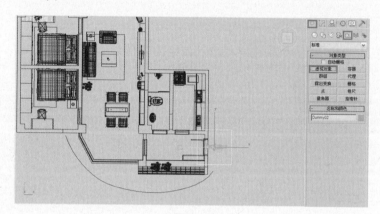

图13.10

09 在视图中调整虚拟物体的位置和大小，如图13.11所示。

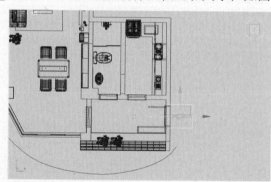 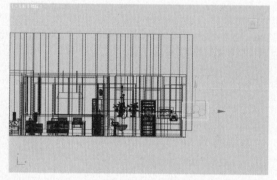

图13.11

10 接下来需要将摄影机和摄影机的
目标点都链接在虚拟物体上。在
视图中选中摄影机及其目标点，
然后单击工具栏中的 ⃟（选择
并链接）按钮，然后将摄影机及
其目标点链接到虚拟物体上，如
图13.12所示。

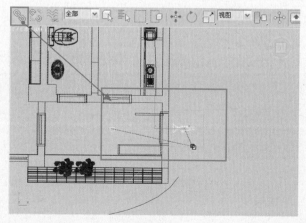

图13.12

11 下面我们通过为虚拟物体添加"路径约束"控制器来使虚拟物体沿着我们绘制的样条线运动。在视图中选择虚拟对象物体，然后进入到 ◎（运动）修改命令面板中，在 指定控制器 卷展栏中选择 ⊞↔位置:位置 XYZ 选项，然后单击上方的 □（指定控制器）按钮，为物体添加"路径约束"控制器，如图13.13所示。

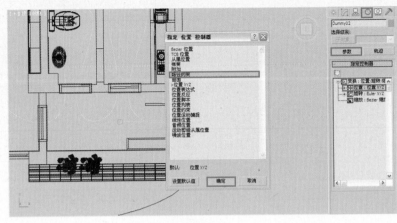

图13.13

12 接下来进入到 路径参数 卷展栏，单击 添加路径 按钮，然后在视图中选择之前绘制好的样条线，具体参数设置如图13.14所示。

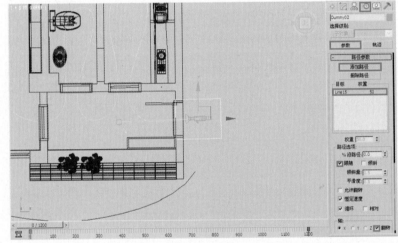

图13.14

13 这样虚拟物体就可以沿着我们绘制好的路径进行简单的运动了，按下 ▶（播放动画）按钮，我们可以看到摄影机和虚拟物体都会沿着路径进行运动了，这样动画的大体结构算是完成了，但此时摄影机的运动从始至终都是匀速的，这使动画看起来很单调，下面我们需要为动画设置一些关键帧，使动画的整体节奏有些变化。在视图中选择虚拟物体，然后按下 自动关键点 按钮，然后在时间轴为0帧的位置上单击一下 ⚷（设置关键点）按钮，将0帧设置为关键帧，如图13.15所示。

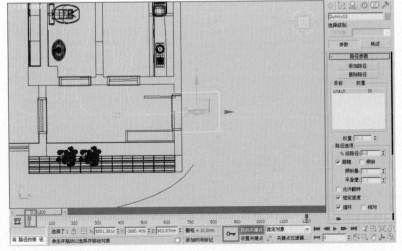

图13.15

14 下面我们将时间轴调到第110帧，然后我们在 ◎（运动）修改命令面板中，将 路径参数 卷展栏中"%沿路径"后的数值更改为11，然后再次单击 ⊶（设置关键点）按钮，将此帧设置为关键帧，这样操作后摄影机在0～110帧的运动速度就被提高了，也就是从大门到厨房的这段运动时间被缩短了，如图13.16所示。

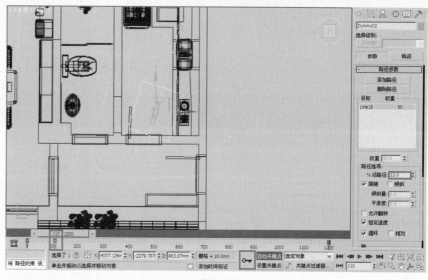

图3.16

15 接下来是在厨房中运动的这段时间，我们要将速度调慢。将时间轴调到第320帧，然后我们在 ◎（运动）修改命令面板中，将 路径参数 卷展栏中"%沿路径"后的数值更改为25，再次单击 ⊶（设置关键点）按钮，将此帧设置为关键帧，这样操作后观察厨房的时间就被增加了，如图13.17所示。

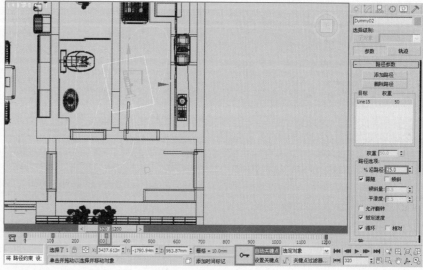

图13.17

16 使用同样的方法，对整个运动过程进行调整，以进入房间的过程速度放慢、进入过道的时间缩短为原则，调整后的时间轴状态如图13.18所示。

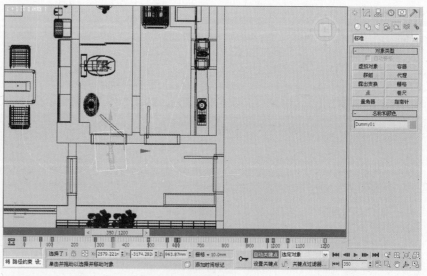

图13.18

17 摄影机部分的动画调整好了，下面我们需要为场景中的所有门物体设置动画。在顶视图中选择物体"门1"，然后将时间轴调整到33帧，单击 ⊶ （设置关键点）按钮，如图13.19所示。

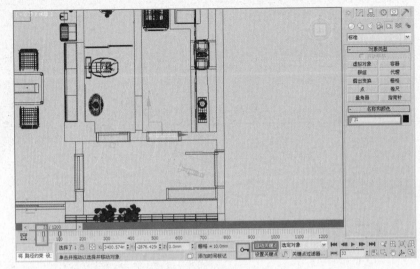

图13.19

18 将时间轴调到第101帧，然后使用 ↻ （选择并旋转）工具对门物体进行旋转，使门处于完全打开的状态，然后再次单击 ⊶ （设置关键点）按钮，将此帧设置为关键帧，如图13.20所示。

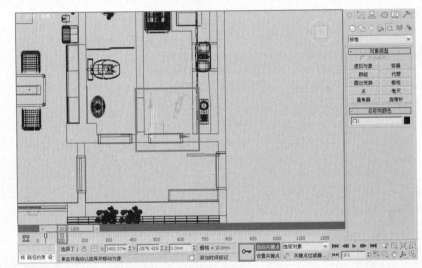

图13.20

19 经过上面的设置，物体"门1"的动画设置就完成了，我们可以使用同样的方法为场景中其他房间的门设置开门的动画，所有门的动画设置完成后时间轴的状态如图13.21所示。

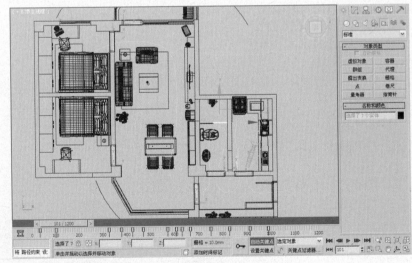

图13.21

Note 提示 13 经过上面的步骤后，场景中的动画设置就完成了。

Work 13.3 最终渲染设置
VRay ART　ZUI ZHONG XUAN RAN SHE ZHI
3ds Max 2010+VRay

13.3.1 设置保存发光贴图的渲染参数

为了更快地渲染出比较大尺寸的最终动画，可以先使用小的输出尺寸渲染并保存发光贴图，然后再渲染大尺寸的最终动画。保存发光贴图的渲染设置如下。

01 按F10键打开渲染设置对话框，在"公用"选项卡的 公用参数 卷展栏中设置较小的图像尺寸，如图13.22所示。

02 然后在 V-Ray:: Global switches （全局开关）卷展栏中勾选Don't render final image（不渲染最终图像）复选框，如图13.23所示。

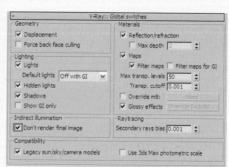

图13.22　　　　　　　　　　　　　　　图13.23

> **Note 提示 13** ▶ 勾选该复选框后，VRay将只计算相应的全局光子贴图，而不渲染最终图像，从而节省一定的渲染时间。

03 接下来设置保存发光贴图的参数。在 Indirect illumination （间接照明）选项卡中，进入到 V-Ray:: Irradiance map （发光贴图）卷展栏中，激活On render end（渲染结束后）区域中的Don't delete（不删除）和Auto save（自动保存）复选框，单击Auto save后面的 Browse （浏览）按钮，在弹出的Auto save irradiance map(自动保存发光贴图)对话框中输入要保存的文件的文件名"发光贴图.vrmap"并选择保存路径，如图13.24所示。

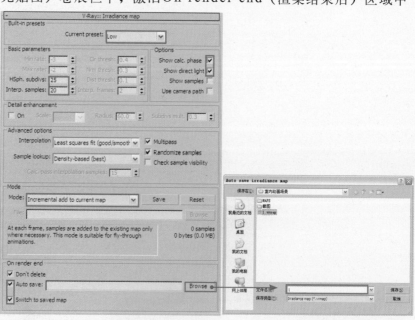

图13.24

04 同样在 `V-Ray:: Light cache`（灯光缓存）卷展栏中，激活On render end区域中的Don't delete和Auto save复选框，单击Auto save后面的 `Browse` 按钮，在弹出的Auto save lightmap（自动保存灯光贴图）对话框中输入要保存的文件的文件名"灯光贴图.vrlmap"并选择保存路径，如图13.25所示。

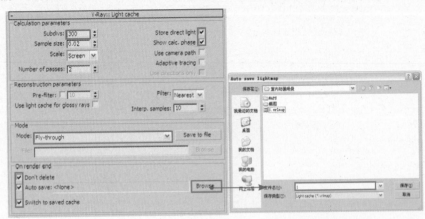

图13.25

Note 提示 **13**
激活发光贴图和灯光贴图的Switch to saved map（切换到已保存贴图）和Switch to saved cache 复选框，当渲染结束之后，当前的发光贴图模式将自动转换为From file（来自文件）类型，并直接调用之前保存的发光贴图和灯光贴图文件。

05 对摄影机视图进行渲染，由于勾选了Don't render final image（不渲染最终图像）复选框，可以发现系统并没有渲染最终图像，渲染完毕后的发光贴图和灯光贴图将保存到指定的路径中，并在下一次渲染时自动调用。

13.3.2 最终成品渲染

最终成品渲染的参数设置如下。

01 首先设置出图尺寸。当发光贴图和灯光贴图计算完毕后，在渲染设置对话框的"公用"选项卡中设置最终渲染图像的输出尺寸，并将渲染结果自动保存为AVI格式的视频文件，如图13.26所示。

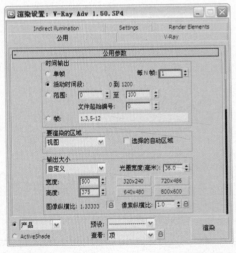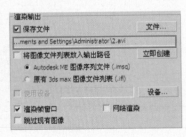

图13.26

02 在 `V-Ray:: Global switches`（全局开关）卷展栏中取消Don't render final image复选框的勾选状态，如图13.27所示。

03 在 V-Ray:: Image sampler (Antialiasing) （图像采样）卷展栏中设置抗锯齿和过滤器，如图13.28所示。

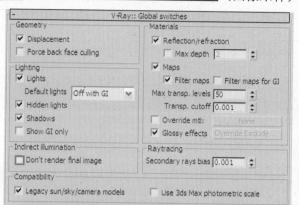

图13.27　　　　　　　　　　　　　　　　图13.28

04 设置完成后单击 按钮进行最终效果的渲染。如图13.29所示为最终渲染后的几张单帧效果。

图13.29

反侵权盗版声明

    电子工业出版社依法对本作品享有专有出版权。任何未经权利人书面许可，复制、销售或通过信息网络传播本作品的行为；歪曲、篡改、剽窃本作品的行为，均违反《中华人民共和国著作权法》，其行为人应承担相应的民事责任和行政责任，构成犯罪的，将被依法追究刑事责任。

    为了维护市场秩序，保护权利人的合法权益，我社将依法查处和打击侵权盗版的单位和个人。欢迎社会各界人士积极举报侵权盗版行为，本社将奖励举报有功人员，并保证举报人的信息不被泄露。

举报电话： (010)88254396；(010)88258888

传　　真： (010)88254397

E - mail： dbqq@phei.com.cn

通信地址： 北京市万寿路 173 信箱
　　　　　　电子工业出版社总编办公室

邮　　编： 100036